职业技术教育与培训系列教材

建筑装饰装修工
培训教程

主 编 魏继昌

天津大学出版社
TIANJIN UNIVERSITY PRESS

图书在版编目（CIP）数据

建筑装饰装修工培训教程／魏继昌主编. 一天津：
天津大学出版社，2021.5

职业技术教育与培训系列教材

ISBN 978－7－5618－6929－1

Ⅰ.①建…　Ⅱ.①魏…　Ⅲ.①建筑装饰—工程施工—
中等专业学校—教材　Ⅳ.①TU767

中国版本图书馆 CIP 数据核字（2021）第 085760 号

出版发行	天津大学出版社
地　　址	天津市卫津路 92 号天津大学内（邮编：300072）
电　　话	发行部：022－27403647
网　　址	www.tjupress.com.cn
印　　刷	北京盛通商印快线网络科技有限公司
经　　销	全国各地新华书店
开　　本	184mm×260mm
印　　张	7
字　　数	175 千
版　　次	2021 年 5 月第 1 版
印　　次	2021 年 5 月第 1 次
定　　价	22.00 元

亚洲开发银行贷款甘肃白银城市综合发展项目
职业教育与培训子项目短期培训课程课本教材

丛书委员会

主　　任　王东成

副 主 任　杨军平　滕兆龙　何美玲　崔　政
　　　　　张志栋　王　瑊　张鹏程

委　　员　魏继昌　李进刚　雒润平　卜鹏旭
　　　　　孙　强　王兴礼

指导专家　高尚涛

本书编审人员

主　　编　魏继昌

副 主 编　郭爱成　薛廷阳　刘千福　杨军平

前　言　PREFACE

党的十八大以来，中央将精准扶贫、精准脱贫作为扶贫开发的基本方略，扶贫工作的总体目标是"到2020年确保我国现行标准下农村贫困人口实现脱贫，贫困县全部摘帽，解决区域性整体贫困"。新阶段的中国扶贫工作更加注重精准度，扶贫资源与贫困户的需求要准确对接，将贫困家庭和贫困人口作为主要扶持对象，而不能仅仅停留在扶持贫困县和贫困村的层面上。为了更深入地贯彻"精准扶贫"的理念和要求，推动就业创业教育，转变农村劳动力思想意识，激发农村劳动力脱贫内生动力，是扶贫治贫的根本。开展就业创业培训，提升农村劳动力知识技能和综合素养，满足持续发展的经济形势及不断升级的产业岗位需求，是扶贫脱贫的主要途径。

近年来，国家大力提倡在职业教育领域实现《现代职业教育体系建设规划（2014—2020年）》，规划要求："大力发展现代农业职业教育。以培养新型职业农民为重点，建立公益性农民培养培训制度。推进农民继续教育工程，创新农学结合模式。"2011年，甘肃省启动兰州-白银经济圈，试图通过整合城市和工业基地推动其经济转型。2018年，靖远县刘川工业园区正式被国家批准为省级重点工业园区，为推进工业强县战略奠定基础。为了确保白银市作为资源枯竭型城市成功转型，白银市政府实施了亚洲开发银行贷款城市综合发展二期项目。在项目实施中，亚洲开发银行及白银市政府高度重视职业技术教育与培训工作，并作为亚洲开发银行二期项目中的特色，主要依靠职业技能培训为刘川工业园区入驻企业及周边新兴行业培养留得住、用得上的技能型人才，为促进地方经济顺利转型提供技术和人才保证。本次系列教材的组织规划正是响应了国家关于职业教育发展方向的号召，以出版行业为载体，完成完整的就业培训课程体系。

本课程是按照中华人民共和国人力资源和社会保障部制定的《建筑装饰装修工职业技能标准》（行业标准：JGJ/T 315—2016）国家职业能力标准五级装饰装修木工/初级工的等级标准组织的，针对初级木工的培训设置的，它是其他专业课的总结提升，同时又相辅相承。通过本课程的学习，主要培养学员的职业岗位基本技能，并为进一步培养学员的职业岗位综合能力奠定坚实基础，使学员掌握木工器具的安全使用方法，普通木门窗、柜橱等的制作方法，木地板、木线条的安装方法等操作技能，能运用基本技能独立完成本职业简单木门窗、窗帘盒、木龙骨、五金配件等的安装，培养具有木工工艺初步工程设计知识和生产组织管理能力的技能人才。培训完毕，培训对象能够独立上岗，完成简单的常规技术操作工作。在教学过程中，应以专业理论教学为基础，注意职业技能训练，使培训对象掌握必要的专业知识与操作技能，教学注意够用、适度原则。

本书中任务一、任务二由魏继昌编写，任务三由郭爱成和薛廷阳编写，任务四由刘千福和杨军平编写，全书由魏继昌统稿和定稿。

本书在编写过程中，得到靖远县人力资源和社会保障局、靖远县职业中等专业学校和陕西琢石教育科技有限责任公司等单位领导、企业专家的大力支持和帮助，在此表示衷心的感谢。

限于编者水平，书中不足之处欢迎培训单位和培训学员在使用过程中提出宝贵意见，以臻完善。

编　者

　　木工是一门工艺，一门独有的技术，也是建筑常用的技术，还是中国传统三行（即木工、木头、木匠）之一。据说远古时代建造房屋，房屋建好封顶之日必须请"木工"镇邪，镇邪之时"木工"拿出独门工具站在屋脊之上高喊大吉大利之话，以保日后平安富贵。当今社会，"木工"职业应用领域依然十分广泛，如房屋建设领域、船舶领域、美化景观建设领域，还有最常见的装饰装潢领域。

　　木工是为业主完成房屋装修过程中的各项木质工程的工种，其人工费用占到整个家装工程人工费用的40%～60%不等。木工的具体施工项目包括：顶棚工程（石膏吊顶）、木质隔墙工程（轻钢龙骨隔墙）、定制家具工程、门窗套工程、客厅背景墙工程、玄关工程。木工手艺的好坏直接关系着整个施工效果的好坏，但是随着建材产品工艺的日趋完善，很多木工项目已经由厂家直接定做生产，在大幅降低装修成本的同时，也大幅提高了定制产品的质量和感观效果。市场上比较常规的木工定制产品有成品套装门、定制衣柜（见图1）、定制书柜（见图2）、定制橱柜（见图3）、定制移门等。

图1　定制衣柜

图2　定制书柜

图3　定制橱柜

目 录 CONTENTS

任务一
窗口的装饰装修

01

项目一　窗帘盒的安装

任务描述

　　窗帘盒是家庭装修中的重要部分，是隐蔽窗帘帘头的重要设施。在进行吊顶和包窗套设计时，就应进行配套的窗帘盒设计，这样才能起到提高整体装饰效果的作用。图 1 – 1、图 1 – 2分别展示的是窗帘盒的外形结构及安装好后的窗帘盒。

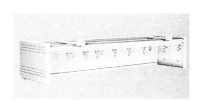　

图 1 – 1　窗帘盒的外形结构　　　　图 1 – 2　安装好的窗帘盒

 接受任务

　　施工方案见表 1 – 1。

表 1 – 1　施工方案

安装地点	卧室	工时		安装人	
技术标准	《建筑装饰装修工程质量验收标准》（GB 50210—2018）				
工作内容	按照施工要求完成卧室窗帘盒的安装				
材料及构件	白松木、窗帘轨、轨堵、轨卡、大角、小角、滚轮、木螺丝、机螺丝、铁件、金属窗帘杆				
工具	电动机具：手电钻、小电动台锯 手用工具：大刨子、小刨子、槽刨、手木锯、螺丝刀、凿子、冲子、钢锯等				

（续）

技术标准	
作业条件	安装窗帘盒、窗帘杆的房间，在结构施工时，应按施工图的要求预埋木砖或铁件，预制混凝土构件应设预埋件
验收结果	操作者自检结果：　　　　　　　　　检验员检验结果： □ 合格　　□ 不合格　　　　　　　□ 合格　　□ 不合格 签名：　　　　　　　　　　　　　　签名： 　　　　　　　年　月　日　　　　　　　　　　　年　月　日

在进行窗帘盒安装之前，让我们来看看木材都有哪些特征呢？

 知识储备　木材的性质及选择

木材的装饰性能好，具有美丽的天然纹理，在建筑与室内装饰材料中所占的比重很大，是重要的装饰材料。木材产品可制成地板、护墙板、踢脚板、顶棚、门、窗和各种壁柜及家具、雕刻等，给人以自然清雅的视觉感受。木材既可作为基础材料，也可作为界面材料。在装饰装修施工中，既可以采用纯天然的木材作为装饰材料，也可以采用加工后的复合产品，如细木工板、胶合板、密度板等。

一、木材的性质

室内装饰装修所涉及的木材性质主要包括木材的含水率、强度、色泽以及纹理和花纹等。

1. 木材的含水率

木材是一种多孔性物质，在孔内存有水分。其含水情况以木材中所含水的质量与干燥木材质量的百分比来表示，并有绝对含水率和相对含水率之分。在木材加工和实际应用中，通常采用绝对含水率，所以绝对含水率又简称含水率。木材因含水率大幅度变化可以引起木材变形及制品开裂。

在室内装饰装修选材中，天然木材虽然表面纹理自然、材料无污染，但相对于人造板材而言，则存在易变形、开裂等问题。在室内装饰装修施工中，也要考虑木材及其制品湿胀干缩的特性。如铺设木地板时，无论实木地板还是复合木地板，都要根据当地环境平衡含水率在墙边适当留出伸缩缝。

2. 木材的强度

根据木材受外力的情况不同，其强度分为抗拉强度、抗压强度、抗剪强度和抗扭强度等，室内装饰装修工程中涉及的主要是抗压强度。

木材的抗压强度是指其单位面积上所受的压力，常用阔叶树的顺纹抗压强度为49～56 MPa，常用针叶树的顺纹抗压强度为33～40 MPa。在建筑及其装饰工程中，木材顺纹常用作受压构件及受弯构件。

3. 木材的色泽

树木在其生长过程中，木材细胞发生一系列的化学反应，产生的各种色素、树脂、单宁及其他氧化物沉积在细胞腔壁或木材细胞壁中，从而使自然界的木材呈现各种不同的颜色。

木材的光泽是指光线在木材表面反射时所呈现的光亮度。不同树种之间光泽的强弱与树种、表面平整程度、木材构造特征、侵填体和内含物、光线入射（反射）角度、木材切面的方向等因素有关。

4. 木材的纹理和花纹

（1）纹理。木材的纹理是指构成木材的主要细胞（如纤维、导管、管胞等）的排列方向。

①直纹理。直纹理指木材轴向细胞的排列方向基本与树干长轴平行，如杉木、红松、榆木、黄桐、鸭脚木等。这类木材强度高、易加工，但花纹简单。

②斜纹理。斜纹理指木材轴向细胞的排列方向与树干长轴不平行，而成一定角度。斜纹理又可分为螺旋纹理、交错纹理和波浪纹理，如图1-3所示。

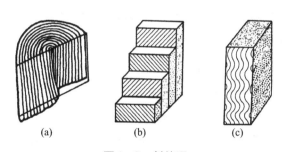

图1-3 斜纹理

（a）螺旋纹理 （b）交错纹理 （c）波浪纹理

（2）花纹。木材的花纹指木材表面因年轮、木射线、轴向薄壁组织、颜色、节子、纹理等而产生的图案，常见的花纹有V形花纹、银光花纹、鸟眼花纹、树瘤花纹、树极花纹、虎皮花纹、带状花纹等。

二、木材的选择

室内装饰装修选择木材时，需要考虑以下几方面的因素。

1. 树种材性

木材品种繁多，可简单地分为浅色材质和深色材质。浅色材质色彩鲜艳、均匀，但由于木质的形成时间短，膨胀系数相对较大，较易受潮；深色材质，木质形成的时间较长，膨胀系数较小，不易受潮，并有防水、防虫等特性，色差大，年轮变化明显。

2. 纹理及颜色

优质的木材木纹清晰，色调自然，材质肉眼可见。由于木材在树木中所处的位置不同，有边材、心材、木表、木里、阴面、阳面等差异，且板材的切割方式有弦切、径切的区别，故色差必然存在。正是色差、天然的纹理、富有变化的肌理结构，彰显了实木地板的自然风采。

3. 规格及尺寸

市场提供的木质材料大多是规格材，选购木材时要注意根据不同的需要选择不同的规格。例如，木材两头的宽度最好一致，厚度均匀。厚度和长度的选择将直接关系到材料的利用，如地板龙骨的木材最好是 50 mm 厚，木门框的木材最好是 2 100 mm 长等。

4. 含水率

市场上供应的木材一般是成型板状材，在选择时首先要了解所选木材的干湿程度，干燥木材制作的成品不易走形，有条件的可用仪器测量木材的含水率。当木材含水率高于环境的平衡含水率时，木材会干燥收缩；反之则会吸湿膨胀。木材发生干裂和变形的主要原因是含水率过高或过低。由于全国各城市所处地理位置不同，当地平衡含水率各不相同，所以在选购木材时，应选购含水率与当地平衡含水率相均衡的木材。

一般来说，木料的含水率在8%～12%为正常，在使用中不会出现开裂和起翘的现象。没有专门测量仪器时，可以用一些简单易行的方法检测木料的含水率。例如，手掂法，即轻轻掂量多块木料，含水率小的木料会比较轻，含水率大的木料就明显重一些；手摸法，即将手掌平放在木料表面，感受它的潮湿程度；如果是加工好的木线，则看它的加工面有无毛刺，只有湿木材受风后才会起毛刺；敲钉法，即将长钉轻轻敲入木料，干燥的好木料很容易钉入，而湿度大的木料就很困难。

5. 木材缺陷

选购木材时，应尽量避开有缺陷的木材，选择无弯曲变形，无断裂腐朽，木纹斜度小，无树脂痕、白斑和蜂窝眼且节子小而少的木材。但选购的实木板材是用天然木材加工而成的，其表面有活节、色差等均属正常现象。在选购木材时，应尽量避免虫眼、开裂、腐朽、蓝变、死节、翘曲变形等缺陷，但根据装饰装修的部位和主人的喜好，可以灵活选择，充分利用有缺陷的木材。

6. 用途

从用途出发，选择符合要求的木材。例如，选择实木地板时，就要选择变形小、承重力较高、耐腐蚀的材料；制作家具时，就要选择切削面光滑，胶接、涂漆、着色较容易的材料；装饰木线条，要选择质硬、木质较细、耐磨、耐腐蚀、不劈、切面光、加工性质良好、涂料上色性好、黏接性好、钉着力强的木材。普通木门窗用木材的质量要求见表1-2，高级木门窗用木材的质量要求见表1-3。

表1-2　普通木门窗用木材的质量要求

木材缺陷		木门窗的立梃、冒头、中冒头	窗棂、压条、门窗及气窗的脚线和通风窗立梃	门心板	门窗框
活节	不计个数 直径（mm）	<15	<5	<15	<15
	计算个数 直径（mm）	≤材宽的1/3	≤材宽的1/3	≤30	≤材宽的1/3
	任一延长米个数	≤3	≤2	≤3	≤5
死节		允许，计入活节总数中	不允许	允许，计入活节总数中	
髓心		不露出表面的允许	不允许	不露出表面的允许	
裂缝		深度及长度小于或等于厚度及材长的1/5	不允许	允许可见裂缝	深度及长度小于或等于厚度及材长的1/4
斜纹的斜率（%）		≤7	≤5	不限	≤12
油眼		非正面，允许			
其他		波浪纹理、圆形纹理、偏心及化学变色，允许			

表1-3　高级木门窗用木材的质量要求

木材缺陷		木门窗的立梃、冒头、中冒头	窗棂、压条、门窗及气窗的脚线和通风窗立梃	门心板	门窗框
活节	不计个数 直径（mm）	<10	<5	<10	<10
	计算个数 直径（mm）	≤材宽的1/4	≤材宽的1/4	≤20	≤材宽的1/3
	任一延长米个数	≤3	≤2	≤3	≤5
死节		允许，计入活节总数中	不允许	允许，计入活节总数中	
髓心		不露出表面的允许	不允许	不露出表面的允许	

（续）

木材缺陷	木门窗的立梃、冒头、中冒头	窗棂、压条、门窗及气窗的脚线和通风窗立梃	门心板	门窗框
裂缝	深度及长度小于或等于厚度及材长的1/6	不允许	允许可见裂缝	深度及长度小于或等于厚度及材长的1/5
斜纹的斜率（%）	≤6	≤4	≤15	≤10
油眼	非正面，允许			
其他	波浪纹理、圆形纹理、偏心及化学变色，允许			

 任务实施

让我们按下面的步骤进行本项目的实施操作吧！

步骤一 施工前准备

1. 作业条件

（1）安装窗帘盒、窗帘杆的房间，在结构施工时，应按施工图的要求预埋木砖或铁件，预制混凝土构件应设预埋件。

（2）无吊顶采用明窗帘盒的房间，应安好门窗框，做好内抹灰冲筋。

（3）有吊顶采用暗窗帘盒的房间，吊顶施工应与窗帘盒安装同时进行。

（4）所需机械设备要在正式使用前接好电源并进行试运转。

（5）大面积施工前应绘制大样图，并应先做样板，经检验合格后才能全面铺开。

2. 材质要求

（1）龙骨一般用红白松烘干料，含水率不大于12%，规格应按设计要求或通过受力计算，不得有腐朽、节子、劈裂、扭曲等，并预先做好防腐处理。红白松烘干料的含水率可在现场使用木材含水率测定仪直接测量，测量深度仅达木材表层以下20 mm。当需测定木料全截面内、外各处的含水率时，则应将木材端头截去200 mm，并立即测量。

（2）面板一般采用胶合板，厚度不小于3 mm，颜色、花纹应尽量接近。胶合板分为三个等级，各等级的质量应符合相关标准的规定。

（3）面板、装饰板如采用工厂加工的半成品，应有相应的出厂合格证明。

（4）乳胶、钉子、木螺钉、木砂纸、防腐漆等辅料应符合要求。

知识链接　五金配件的种类和选购

一、常用五金配件的种类

装饰装修木工常用的五金配件种类繁多、应用广泛，大体上可以分为以下几类。

1. 锁类五金

锁类五金包括外装门锁、执手锁、抽屉锁、球形门锁、玻璃橱窗锁、电子锁、链子锁、防盗锁、浴室锁、挂锁、号码锁、锁体、锁芯等。

2. 拉手类五金

拉手类五金主要包括抽屉拉手、柜门拉手、玻璃门拉手等。

3. 门窗类五金

门窗类五金主要包括以下几种。

（1）合页，包括玻璃合页、拐角合页、轴承合页（铜质和钢质）以及烟斗合页等，如图1-4所示。

（2）铰链，如图1-5所示。

图1-4　合页　　　　　　　　　　　图1-5　铰链

（3）轨道，包括抽屉轨道、推拉门轨道、窗帘轨道、吊轮和玻璃滑轮等。如图1-6所示为双轨窗帘滑道。

（4）插销（明装、暗装），如图1-7所示。

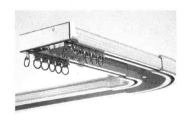
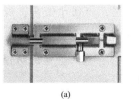

图1-6　双轨窗帘滑道　　　　　　　图1-7　插销

　　　　　　　　　　　　　　　　　　　（a）明装　（b）暗装

（5）门吸、门夹、闭门器、防盗扣吊、板销、碰珠、磁碰珠。

（6）地吸、地弹簧。

4. 家庭装饰小五金

家庭装饰小五金主要包括万向轮、柜腿、门鼻、风管、不锈钢垃圾桶、金属吊撑、堵头、窗帘杆（铜质和木质）、窗帘杆吊环（塑料和钢质）、密封条、升降晾衣架、衣钩和衣架等。

5. 建筑装饰小五金

建筑装饰小五金主要包括拉铆钉、水泥钉、广告钉、镜钉、膨胀螺栓、自攻螺钉、玻璃托、玻璃夹、绝缘胶带等。

二、常用五金配件的选购

家居木工装饰装修所涉及的五金配件品种繁多，但配件质量的优劣直接制约着木工装饰装修的效果和使用寿命。所以，在选购五金配件时应选择合格品牌的产品，配件表面光洁，手掂有沉重感，螺钉加工标准，转动部位灵活，有产品合格证和保修卡。

1. 选择原则

（1）应挑选密封性能好的合页、滑轨和锁具。选购时，应开合、拉动几次感觉其灵活性和方便性。

（2）应挑选灵活性能好的锁具。选购时，可将钥匙插拔几次感觉是否顺畅，钥匙拧起来是否省劲。

（3）应挑选外观性能好的装饰五金件。选购时，主要是看外观是否有缺陷，电镀光泽是否符合要求，手感是否光滑等。如图1-8所示为手感光滑的镀锌滑道。

2. 选择方法

不同的五金配件，有不同的质量要求和选择方法。

图1-8 镀锌滑道

（1）门窗五金配件。门窗五金配件必须符合设计要求，规格型号应符合国家标准。

（2）门的地弹簧。门的地弹簧应为不锈钢面或铜面，在装好后正式使用之前，应进行前后、左右开闭速度的调整，以便于使用，液压部分不能漏油。也可以采用定门器。

（3）锁具。锁具的选择要注意以下几点。

①用手感觉、比较锁的质量，越重说明锁芯使用的材料越厚实，耐磨损；反之，则材料单薄，易损坏。

②看锁具的表面是否细腻、光滑，有无斑点。

③反复开启，看锁芯弹簧的灵敏程度。

④一般应选择双面开启的安全锁。

（4）拉手。拉手的选择与家具的造型、颜色和安装部位有着重要的关系。选择家具拉手时应注意以下几点。

①选用不锈钢、铝合金或铜制的拉手。

②讲究对比、衬托美。

③注意统一，不必十分奇巧。

（5）门铰链。门在频繁开关的过程中，最主要经受考验的就是铰链。它不但要将柜体和门板精确地衔接起来，还要独自承受门板的质量，并且必须保持门排列的一致性不变，所以必须选择质量好的门铰链，如法拉利、海蒂诗、萨利切、百隆、格拉斯等品牌。

（6）抽屉滑轨。整个抽屉在设计中最重要的配件就是滑轨。质量较好的滑轨，如海福乐和海蒂诗等推动时轻盈而毫无涩感，质量可靠。

（7）密封条。应选用橡胶密封条，配合使用防水密封胶。

（8）窗帘轨。要保证使用安全、启合便利，关键是看制作材料的厚薄。

步骤二　窗帘盒（杆）的安装

1. 定位与画线

安装窗帘盒（杆），应按设计图要求的位置、标高进行中心定位，弹好找平线，找好窗口、挂镜线等构造关系。

2. 预埋件检查和处理

画线后，检查固定窗帘盒（杆）的预埋固定件的位置、规格、预埋方式、牢固情况以及是否能满足安装固定窗帘盒（杆）的要求，对于标高、平度、中心位置、出墙距离有误差的，应采取措施进行处理。

 知识链接　画线工具的使用及画线方法

一、常用画线工具及其使用方法

1. 量尺

手工木工用量尺主要有钢卷尺、折尺和直尺。

（1）钢卷尺。钢卷尺是用薄钢片制造而成的。10 m 以上的钢卷尺为大钢卷尺，其规格有 10 m，15 m，30 m 和 50 m。

（2）折尺。折尺是一种能折叠的尺子，其刻度和金属直尺相同，携带和使用很方便，是手工木工常用的工具，如图 1-9 所示。使用木折尺时，应注意将其拉直，待与物体表面贴平后再开始丈量。折尺一般分为四折、六折和八折木尺。

（3）直尺。直尺是测量和划直线用的尺子，刻度单位为 m、cm 和 mm，如图 1－10 所示。直尺有木制、塑料制和有机玻璃制等几种。

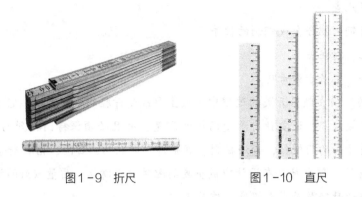

图 1－9　折尺　　　　　　　　　　图 1－10　直尺

2. 角尺

角尺又称为方尺，有直角尺、三角尺和活络角尺三种。

（1）直角尺。直角尺是木工用来画线以及检查工件和物体是否符合标准的重要工具，直角尺的内、外角度都是直角，有小直角尺和大直角尺两种。

（2）三角尺。三角尺有木制和钢制两种。使用时将尺座靠于木料边缘，沿尺翼斜边可画 45°斜角线，也可沿其直角边画横线，如图 1－11 所示。

（3）活络角尺。活络角尺用于测量构件相邻两面的角度或画角度线，如图 1－12 所示。检查斜面时，先将螺母松动，在量角器上调整好所需的角度后，拧紧螺母，即可将活络角尺移到构件上画线，或通过测量校验斜面是否符合要求。画斜向于板边的平行线时，可将活络角尺调整至符合要求的角度后进行画线。

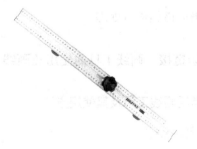

图 1－11　三角尺　　　　　　　　图 1－12　活络角尺

3. 水平尺

水平尺有木制和钢制两种，尺的中部及端部分别装有水准管。水平尺可以用来校验物面的水平或垂直。使用时为防止误差，可在平面上将水平尺旋转 180°后复核气泡是否居中。如气泡居中，表示水平尺是好的；否则水平尺是坏的，不能使用。

4. 量角器

量角器又称为分度器或分角器，可以直接测量和检验部件上的各种角度，也可与活络角尺配合使用。

5. 线锤

线锤是一个钢制的正圆锥体，其上端中央有一带孔螺栓盖，可压进一条线绳，如图 1-13 所示。使用时，手持线绳的上端，让锥体自由下垂，视线顺着线绳观察，可以测定和校正竖立的物体是否垂直于水平面。

6. 画线笔

画线笔有木工铅笔（见图 1-14）和竹笔两种。木工铅笔的笔杆呈椭圆形，笔芯呈扁形，有黑、红、蓝等几种颜色。将笔芯削成扁平形状后，将其紧靠在尺沿上顺向画线。

图 1-13　线锤　　　　　图 1-14　木工铅笔

7. 墨斗

墨斗是弹线的专用工具，长距离的画线需要借助墨斗弹线。墨斗是用硬质木料錾削而成的，前部有斗槽，后部有线轮和摇把。斗槽内装有吸满墨汁的棉花或其他吸墨材料，线绳通过斗槽，一端绕在线轮上，另一端与定钩相连。使用时，将定钩挂在木料前端，线绳拖到木料的后端，用左手拉紧并压住线绳，右手将线绳垂直提起，放手回弹，即可弹出墨线。如图 1-15 所示为用墨斗画线的方法。

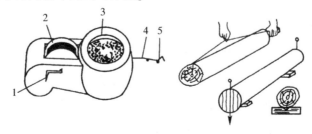

图 1-15　用墨斗画线的方法

1—摇把；2—线轮；3—斗槽；4—线绳；5—定钩

8. 墨株

需要画大批纵向直线时，可用固定墨株来画线，其方法如图 1-16 所示。

←墨株

图1-16　用墨株画线的方法

9. 勒子

勒子有线勒子和榫勒子两种。勒子由勒子杆、勒子挡和翼形螺母组成，如图 1-17 所示。使用时，将勒子杆调整好，拧紧翼形螺母，勒子挡靠近木料表面，由前向后勒线。

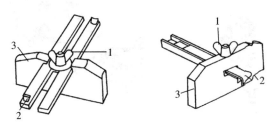

图1-17　勒子

1—翼形螺母；2—勒子杆；3—勒子挡

二、画线方法

1. 卷尺的使用方法

应特别注意卷尺零点（起点）的确定。如大钢卷尺的零点在 100~200 mm 以后，用红色字标记。小钢卷尺的尺端是钩形，如果内边缘为零点（起点），则应钩住被量物体；如果外边缘为零点，则应顶住被量物体。

2. 角尺的使用方法

当画垂直线时，用左手握住角尺的尺翼中部，使尺翼的内边紧贴木料的直边，右手执笔，沿角尺边（尺柄外边）画线，即得到与直边相垂直的线，如图 1-18 所示。

当画平行线时，用左手握住角尺的尺翼，使中指卡在所需要的尺寸处，并抵住木料的直边，右手执笔，使笔尖紧贴角尺外角部，同时用无名指和小指托住短尺边，两手同时用力向后拉画，即可画出与木料直边相平行的直线，如图 1-19 所示。

图1-18　画垂直线

图1-19　画平行线

在刨削过程中，检查相邻面是否成直角时，可以用角尺的内角卡在木料角上来回移动进行检查，如角尺内边均与木料两面紧贴，即表示相邻面构成直角，其方法如图1-20所示。

检查表面是否平直时，可用手握住角尺的尺翼，将角尺立置于木料面上所要检查的部位，如尺边与木料表面紧贴，无凹凸缝隙，即表示该表面平直，其方法如图1-21所示。

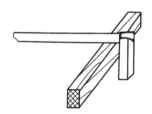

图1-20　检查直角的方法

图1-21　检查平面平直的方法

3. 活络角尺的使用方法

当检查斜面时，先将活络角尺的螺栓松动，待调整到所需要的角度后拧紧螺栓，再校验斜面是否符合要求。如图1-22所示为六角形体的检查方法。

当画斜向于板边的平行线或与斜向板端具有一定角度的斜线时，可调整活络角尺至符合要求的角度后进行画线，其方法如图1-23所示。

图1-22　六角形体的检查方法

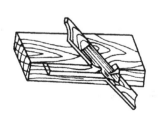

图1-23　画斜向于板边平行线的方法

4．线勒子的使用方法

使用时，先将小刀片与勒子挡的距离按需要尺寸调整好，右手拿住线勒子，使勒子挡贴紧木料侧面，轻轻移动，就可在木料上刻画出线印来。如图1-24所示为用线勒子画线的方法。

图1-24　用线勒子画线的方法

三、画线的注意事项

1．画线时的注意事项

画线时，要根据锯割和刨光的需要留出消耗量。

锯缝消耗量：大锯和龙锯大约为4 mm，中锯为2~3 mm，细锯为1.5~2 mm。

刨光消耗量：单面刨光为1~1.5 mm，双面刨光为2~3 mm，料长2 m以上应加大1 mm。

2．弹线时的注意事项

若弹线时遇到圆木弯曲、拱突、歪斜，应事先尽可能画正顶面，避免滑线；也可以根据圆木歪斜拱面的倾向，将提起的线绳稍偏放落，即可弹正墨线。如弹线时遇到刮风，提起线绳时要偏于顶风方向放落，可避免因风吹而出现的墨线不正现象。如圆木弯拱起伏较大，弹出的墨线不明显时，应予以补弹，补弹时要按照断线端头，左手食指压紧线绳，右手提起线绳反复弹1~2次，直至清楚为止。弹完线后，要检查所弹的墨线是否顺直。

3．安装窗帘盒

先按平线确定标高，画好窗帘盒中线，安装时将窗帘盒中线对准窗口中线，窗帘盒的靠墙部位要贴严，固定方法按设计要求。

4．安装窗帘轨

窗帘轨有单轨、双轨或三轨道之分，当窗宽大于1 200 mm时，窗帘轨应断开，断开处煨弯错开，煨弯应成缓曲线，搭接长度不小于200 mm；明窗帘盒一般在盒上先安装轨道，如为重窗帘，轨道应加机螺丝固定；暗窗帘盒应后安装轨道，如为重窗帘，轨道小角应加密间距，木螺丝规格不小于30 mm。轨道应保持在一条直线上。

5．窗帘杆安装

校正连接固定件，将窗帘杆装上或将铁丝绷紧在固定件上，做到平、正，并与同房间标高一致。

步骤三　安装检查验收

1．注意事项

（1）窗帘盒的规格为高100 mm左右；宽度依照使用窗帘杆的数量确定，单杆宽度为

120 mm，双杆宽度为 150 mm 以上；长度根据设计要求，最短应超过窗口宽度 300 mm，窗口两侧各超出 150 mm，最长可与墙体通长。

（2）制作窗帘盒使用大芯板，开燕尾榫并粘胶对接。如饰面涂过清油，应采用与窗框套同材质的饰面板粘贴，粘贴面为窗帘盒的外侧面及底面。

（3）贯通式窗帘盒可直接固定在两侧墙面及顶面上；非贯通式窗帘盒应使用金属支架，一般使用铁支架，铁支架在结构施工中已预埋，也可直接固定在墙面及顶面上。固定时，在固定点钻孔，安放塑料胀销，用螺钉固定。为保证窗帘盒安装平整，两侧距窗洞口长度相等，安装前应先弹线。

（4）安装窗帘盒后，还将进行饰面的终饰施工，因此应对安装后的窗帘盒进行保护，防止污染和破坏。

2. 常见问题及采取的措施

常见问题及采取的措施见表 1-4。

表 1-4　常见问题及采取的措施

常见问题	采取的措施
窗帘盒松动	主要原因是制作时榫眼松旷或与基体连接不牢固。如果是榫眼对接不紧，应拆下窗帘盒，修理榫眼后重新安装；如果是与基体连接不牢固，应将螺钉进一步拧紧，或增加固定点
窗帘盒不正	主要原因是安装时没有弹线就安装，使两端高低差和侧向位置安装差超过允许偏差。应将窗帘盒拆下，按要求弹线后重装

3. 验收记录

窗帘盒安装工程检验批质量验收记录见表 1-5。

表 1-5　窗帘盒安装工程检验批质量验收记录

工程名称				分项工程名称			项目经理	
施工单位				验收部位				
施工执行标准名称及编号		《建筑装饰装修工程质量验收标准》（GB 50210—2018）					专业工长（施工员）	
分包单位				分包项目经理			施工班组长	
《建筑装饰装修工程质量验收标准》的规定				施工单位自检记录		监理（建设）单位验收记录		
主控项目	1	材料质量	12.3.3 条					
	2	造型、规格、尺寸、安装位置和固定方法	12.3.4 条					
	3	窗帘盒配件的品种、规格和固定	12.3.5 条					

（续）

一般项目	1	表面质量	12.3.6 条										
	2	与墙面、窗框的衔接要求	12.3.7 条										
	3	水平度	2 mm										
	4	上口、下口直线度	3 mm										
	5	两端距窗洞口长度差	2 mm										
	6	两端出墙厚度差	3mm										
		施工操作依据											
		质量检查记录											

施工单位检查结果评定	项目专业质量检查员：	项目专业技术负责人： 年 月 日
监理（建设）单位验收结论	专业监理工程师： （建设单位项目专业技术负责人）	年 月 日

 过程考核评价

窗帘盒安装过程考核评价见表 1-6。

表 1-6 窗帘盒安装过程考核评价表

项目一 窗帘盒的安装						
学员姓名		学号		班级		日期
项目	考核项目	考核要求	配分	评分标准		得分
知识目标	木材的性质及选择	学会项目中木材的性质与选取方法	15	项目中的木材性质、质量判别方法或基本特征，错误一项扣5分		
	安装工艺描述	能叙述安装工艺要求	10	叙述不清楚扣5分		
能力目标	安装检查	水平度偏差2 mm	5	超差不得分		
		上口直线度偏差3 mm	5	超差不得分		
		下口直线度偏差3 mm	5	超差不得分		
		两端距窗洞口长度差2 mm	5	超差不得分		
		两端出墙厚度差3 mm	5	超差不得分		
		表面裁口顺直，刨面平整、无倒翘	15	不满足一项扣5分		

（续）

项目一　窗帘盒的安装					
学员姓名		学号		班级	日期
项目	考核项目	考核要求	配分	评分标准	得分
能力目标	小五金件安装	1. 位置适宜，槽边整齐； 2. 小五金件齐全、洁净； 3. 小五金件规格符合要求	15	1. 位置不适宜、槽边不整齐扣5分； 2. 小五金件缺项、未清理洁净扣5分； 3. 小五金件选择错误扣5分	
方法及社会能力	过程方法	1. 学会自主发现、自主探索的学习方法； 2. 学会在学习中反思、总结，调整自己的学习目标，在更高水平上获得发展	10	根据工作中反思、创新见解、自主发现、自主探索的学习方法，酌情给5~10分	
	社会能力	小组成员间团结、协作，共同完成工作任务养成良好的职业素养（工位卫生、工服穿戴等）	10	1. 工作服穿戴不全扣3分； 2. 工位卫生情况差扣3分	
实训总结		你完成本次工作任务的体会：（学到哪些知识，掌握哪些技能，有哪些收获？）			
得分					

工作小结

_____

_____

_____

_____

_____

_____

项目二 窗台板的安装

 任务描述

窗台板是木工用夹板、饰面板做成木饰面的形式，也可以用水泥、石材做成窗台板。窗台板的款式主要是从材质上来分类的，常见的材质有大理石、花岗石、人造石、装饰面板和装饰木线，如图1-25所示。

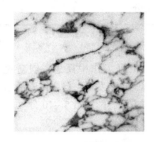
大理石

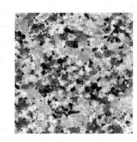
花岗石

人造石

装饰面板

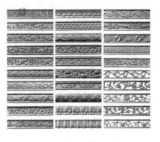
装饰木线

图1-25 窗台板各类材料款式

接受任务

施工方案见表1-7。

表1-7 施工方案

安装地点	书房	工 时		安装人	
技术标准	《建筑装饰装修工程质量验收标准》（GB 50210—2018）				
工作内容	按照施工要求完成书房窗台板的安装				
材料及构件	石材窗台板				
工具	电动机具：电焊机、电动锯石机、手电钻 手用工具：大刨子、小刨子、槽刨、手木锯、螺丝刀、凿子、冲子、钢锯等				

（续）

作业条件	安装石材窗台板的窗下墙，在结构施工时应根据选用石材窗台板的品种，预埋木砖或铁件	
验收结果	操作者自检结果： □ 合格　　□ 不合格 签名： 　　　　年　　月　　日	检验员检验结果： □ 合格　　　□ 不合格 签名： 　　　　年　　月　　日

在进行窗台板安装之前，让我们来看看人造板该如何选取呢？

 知识储备　常用的装饰人造板及选材

人造板材是以木材为主要原料，或者以木材加工中剩下的边皮、碎料、刨花、木屑等废料为原料，经过加工处理而制成的板材。使用人造板材可以节约木材，提高木材的利用率。人造板材是应用广泛的木材代用材。

常见的人造板材有纤维板、胶合板、细木工板和刨花板等。

一、纤维板

纤维板（见图1-26）是以植物纤维为主要原料，经过纤维分离、重新交织成型、干燥和热压等工序制成的一种人造板。其植物纤维有木纤维、棉秆纤维、竹纤维、麻秆纤维等。根据采用的植物纤维种类，分别得到相应名称的纤维板，其中主要以木纤维为原材料的纤维板居多，而且性能稳定。

图1-26　纤维板

纤维板可分为硬质纤维板、半硬质纤维板和软质纤维板三种。硬质纤维板表面密度大、强度高，半硬质纤维板次之。硬质纤维板可用作地板、隔墙板、夹板门、面板、定型模板和家具等。软质纤维板表面密度小、结构疏松，是保温、隔热、吸声和绝缘的好材料。

纤维板的结构比天然木材均匀，避免了天然木材的缺陷；胀缩性小；便于加工、起线、铣型；表面平整，易于粘贴饰面；变形小，翘曲小；内部结构均匀，有较高的抗弯强度和冲击强度。特别是具有绝缘性能的软质纤维板和半硬质纤维板经过各种艺术装饰的处理，不仅可以增添美学效果，而且吸声和保温效果俱佳。纤维板在建筑和室内装饰中的应用十分广泛。

二、胶合板

胶合板（见图1-27）是利用圆木旋切成单板，再经干燥、涂胶后热压而成。为克服木材各向异性的缺陷，相邻两层单板的木纹排列互相垂直或成一定角度。

图1-27　胶合板

胶合板正、背两面单板的木纹是同向的，因而组成的胶合板层数为奇数，常用的胶合板是三层、五层、七层，俗称为三夹板、五夹板、七夹板，或称三合板、五合板、七合板等。

由于胶合板生产工艺是把优质单板作为面层（如柚木单板、水曲柳单板、椴木单板等），把有天然缺陷的单板修补或剔除缺陷后作为芯板或背板，各层单板排列时木纹互相成一定角度，故横纹与顺纹方向机械强度趋于平衡，顺纹和横纹方向的膨胀基本一致，这样装饰板面就不会翘曲。它既保持了木材原有的低热导率和大电阻的特性，还具有良好的隔声性，而且隔潮湿空气或其他气体的效能也良好，因此胶合板在工程中应用非常广泛。

胶合板的厚度有2.7 mm、3 mm、3.5 mm、4.5 mm、5.5 mm、6 mm等，自6 mm起，厚度按照1 mm递增。

胶合板的幅面尺寸主要有915 mm×915 mm、915 mm×1 220 mm、915 mm×1 830 mm、915 mm×2 135 mm、1 220 mm×1 220 mm、1 220 mm×1 830 mm、1 220 mm×2 135 mm和1 220 mm×2 440 mm。

胶合板可用于室内空间的墙面、墙裙、造型面、天棚。室内装饰时，常用的胶合板有三层胶合板、五层胶合板。它的表面可用透明涂饰也可用色漆涂饰。透明涂饰可保留木材原特色，清晰地显现木纹。色漆涂饰能把胶合板表面的色泽、纹理、缺陷等遮盖住。此外，胶合板还可以固定于墙面或墙裙，然后在其表面粘贴壁纸、墙布作为装饰面。

三、细木工板

细木工板（见图1-28）是将厚度相同的木条，顺着一个方向平行排列，拼合成芯板，再按相邻层纤维方向互相垂直的原则，在它的两面各粘贴两层或一层单板。细木工板结合了胶合板与实木板的优点，利用大量小料，而且不变形。

图1-28　细木工板

细木工板的规格有1 830 mm×915 mm、2 135 mm×915 mm、1 220 mm×1 220 mm、1 830 mm×1 220 mm、2 135 mm×1 220 mm、2 440 mm×1 220 mm、1 525 mm×1 525 mm 和1 830 mm×1 525 mm，常用的厚度为15～25 mm。

四、刨花板

刨花板（见图1-29）是利用胶黏剂（合成树脂胶）在一定温度和压力下，把破碎成一定规格的碎木、刨花胶合而成的一种人造板。刨花板按密度可分为低密度刨花板（密度为450 kg/m³）、小密度刨花板（密度为550 kg/m³）、中密度刨花板（密度为750 kg/m³）、高密度刨花板（密度为1 090 kg/m³）。

图1-29　刨花板

刨花板的特点是板面平，结构均匀密实，无节疤和木纹，不变形，不翘曲，可锯，可钻孔，可胶接，可砂光，可与实木一样加工，但钉着力较差，可用于墙顶、天棚装饰。

刨花板的常用规格为 915 mm × 1 220 mm、915 mm × 1 525 mm、915 mm × 1 830 mm、915 mm × 2 130 mm、1 220 mm × 1 220 mm、1 220 mm × 1 525 mm、1 220 mm × 1 830 mm 和 1 220 mm × 2 440 mm，其厚度为 6 mm、8 mm、10 mm、12 mm、19 mm 和 22 mm 等。

 任务实施

让我们按下面的步骤进行本项目的实施操作吧！

步骤一 施工前准备

1. 材料和构配件

（1）窗台板制作材料：石材窗台板。

（2）石材窗台板、暖气罩制作材料的品种、材质、颜色应按设计选用，木制品应经烘干，控制含水率在 12% 以内，并做好防腐处理，且不允许有扭曲变形。

（3）安装固定一般用角钢或扁钢做托架或挂架，窗台板的构造一般直接装在窗下墙须面，用砂浆或细石混凝土稳固。

2. 主要机具

（1）电动机具：电焊机、电动锯石机、手电钻。

（2）手用工具：大刨子、小刨子、小锯、锤子、割角尺、橡皮锤、靠尺板、20 号铅丝和小线、铁水平尺、盒尺、螺丝刀。

3. 作业条件

（1）安装石材窗台板的窗下墙，在结构施工时应根据选用石材窗台板的品种，预埋木砖或铁件。

（2）石材窗台板长超过 1 500 mm 时，除靠窗口两端下木砖或铁件外，中间应每隔 500 mm 间距增水砖或铁件；跨空石材窗台板应按设计要求的构造设固定支架。

（3）安装石材窗台板应在窗框安装后进行；石材窗台板与暖气罩连体的，应在墙、地面装修层完成后进行。

步骤二 窗台板的安装

1. 定位与画线

根据设计要求的窗下框标高、位置，画窗台板的标高、位置线，同时核对暖气罩的高度，为使同房间或连通窗台板的标高和纵横位置一致，安装时应统一抄平，使标高统一无差。

2. 检查预埋件

定位与画线后，检查石材窗台板安装位置的预埋件是否符合设计与安装的连接构造要求，如有误差应进行修正。

3. 支架安装

构造上需要设石材窗台板支架的，安装前应核对固定支架的预埋件，确认标高、位置无误后，根据设计构造进行支架安装，其构造如图 1-30 所示。

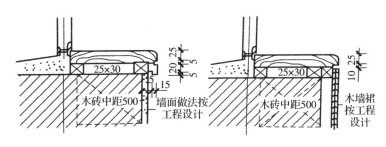

图 1-30 窗台板支架的构造

4. 窗台板安装

1）木窗台板安装

窗台板的长度一般比窗框长 120 mm 左右，应根据中心线对称布置。安装窗台板时一般用明钉，将窗台板钉牢于木砖或木楔上，钉帽应砸扁并冲入板内。在窗台板的下部与墙交角处应钉压条遮缝，压条应预先刨光。窗台板装钉示意图如图 1-31 所示。

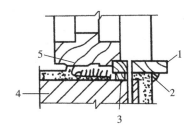

图 1-31 窗台板装钉示意图

1—窗台板；2—窗台线；3—防腐木砖；4—砖墙；5—框下坎

2）预制水泥窗台板、预制水磨石窗台板、石料窗台板安装

按设计要求找好位置，进行预装，标高、位置、出墙尺寸符合要求，接缝平顺严密，确认固定件无误后，按其构造的固定方式正式固定安装。

3）金属窗台板安装

按设计构造要求，核对标高、位置、固定件后，先进行预装，经检查无误后，再正式安装固定。

知识链接　凿、钻、锤的使用

一、凿

在木工构件的制作过程中，凿眼、开榫是使部件连接成一个坚固整体的主要工序，也是衡量木工技术是否熟练的重要标准。

1. 凿子的种类

凿子按照刃口形状不同可分为平凿、斜凿和圆凿，如图1-32所示。

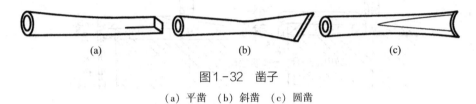

(a)　　　　　　　　　(b)　　　　　　　　　(c)

图1-32　凿子

(a) 平凿　(b) 斜凿　(c) 圆凿

2. 凿子的操作

凿眼前，必须将榫头和榫眼的线画好，把工件平放在工作凳上。木料长度在400 mm以上时，左臂部可坐在工件上面进行操作，较短的木料应将其垫平，并用木板压上后坐牢或扎牢后才可操作。凿子的操作如图1-33所示。凿眼操作方法如图1-34所示。凿眼时，把木料需凿孔的一面向上放置，左手捏住凿柄，在靠近身体的孔侧内离画线约2 mm处，将凿子的斜口一面朝外并垂直拿稳，右手用斧背用力敲击凿子的柄端，待凿子切入木料内2~5 mm时，拔起凿子，向前逐步移动，继续敲凿，将直纤维凿断，然后将木屑挑出。凿到近孔对面平行线内2 mm处，将凿子斜面朝里，再垂直凿入木料内2~5 mm深。以后反复凿削，凿到榫孔后，再换用锋利的凿子或斜凿，留出画线，将孔壁四周修削平整、光滑。

图1-33　凿子的操作

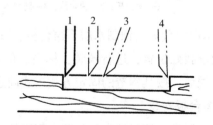

图1-34　凿眼操作方法

3. 凿子的维修

用钝以及未开刃口的凿子，必须先在砂轮机或油石上粗磨，然后在细磨石上磨锋利。其研磨方法与刨刃的研磨大致相同。凿子窄，不可在磨石中间研磨，以防磨石中间出现凹沟现象。新凿子在使用前要先进行必要的加工，以使凿子好用。首先凿刃要磨快，磨好的刃必须平齐，刃口不能中间凸出而成舌尖形。

二、钻

1. 钻的种类

钻是用来钻孔的工具，一般分为木工钻、弓摇钻、牵钻等，如图 1-35 所示。

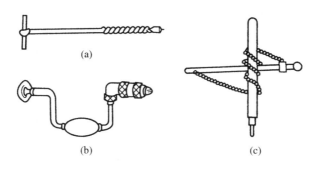

图1-35　钻的种类

（a）木工钻　（b）弓摇钻　（c）牵钻

2. 钻的使用

（1）木工钻。将钻头对准孔的中心，用力压拧；当钻到孔深的一半时，从反面钻通。钻杆应与木料面垂直，压拧方向为顺时针方向。

（2）弓摇钻。左手握顶木，右手将钻头对准孔中心，左手用力压顶木，右手按顺时针方向摇动摇把。钻头应与木料面垂直，钻透后将倒顺器反向拧紧，按逆时针方向摇动摇把，钻头即退出。

（3）牵钻。左手握握把，将钻头对准孔中心，右手水平推拉拉杆，使钻杆旋转，钻头保持与木料面垂直。

3. 钻的选择要点

（1）用肉眼检查，钻尖和钻身必须在同一直线上，这样的钻不仅钻出的孔直，而且用起来轻快。

（2）钻的夹头要松紧灵活，而且能牢固地夹住钻头，不松脱。

（3）转动部分要灵活、自如，不得出现任何卡钻现象。

（4）装上钻头后做转动检查，钻头应垂直旋转，不得有摆动现象。

三、锤

1. 锤的分类

锤子也称榔头，木工操作中常采用羊角锤、平头锤、扁头小锤和钉冲子，如图1－36所示。

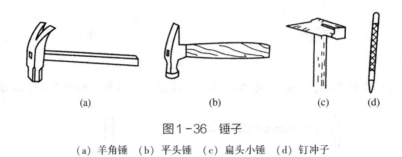

图1-36 锤子

(a) 羊角锤 (b) 平头锤 (c) 扁头小锤 (d) 钉冲子

2. 锤的操作要点

（1）"要想钉不弯，锤顶不偏斜"。要将钉子顺直地钉入木材内，操作时锤顶应与钉子的轴线方向垂直，不要偏斜，否则易将钉子打弯。

（2）"用锤使巧劲，先轻后用劲"。为了使钉子顺利钉入木材内，开始几锤应轻敲，使钉子保持顺直进入木材内一定深度，后面几锤可稍用劲，将钉子钉入木材内，这样可避免钉身弯曲。

（3）"钉硬木，先钻穴，钉子不弯木不裂"。在硬杂木上钉钉子时，应先按钉子规格在木材上钻一个小孔，将钉子由孔内打入，可防止将钉子打弯或将木材钉裂。

 知识链接 装饰装修常用胶黏剂

胶黏剂又称黏合剂、黏结剂或黏着剂，具有良好的黏合性能。能够将两种相同或不同的固体材料连接在一起的物质都可以称为胶黏剂。

一、胶黏剂的种类

胶黏剂的应用极为广泛，其种类繁多。

1. 按化学成分分类

按化学成分不同，胶黏剂可分为有机胶黏剂和无机胶黏剂。有机胶黏剂又分为合成胶黏剂和天然胶黏剂。合成胶黏剂有树脂型、橡胶型和复合型等；天然胶黏剂有动物、植物、矿物、天然橡胶等胶黏剂。无机胶黏剂按化学组分不同有磷酸盐、硅酸盐、硫酸盐、硼酸盐等胶黏剂。

2. 按形态分类

按形态不同，胶黏剂可分为液体胶黏剂和固体胶黏剂。常用的胶黏剂有溶液型、乳液型、糊状、胶膜、胶带、粉末、胶粒、胶棒等。

3. 按用途分类

按用途不同，胶黏剂可分为结构胶黏剂、非结构胶黏剂和特种胶黏剂（如耐高温、超低温、导电、导热、导磁、密封、水中胶黏剂）三大类。

4. 按应用方法分类

按应用方法不同，胶黏剂可分为室温固化型、热固型、热熔型、压敏型、再湿型等。

二、装饰装修常用胶黏剂

室内装饰装修使用的胶黏剂种类较多，一类是溶剂型（以溶剂为介质）胶黏剂，主要品种是氯丁橡胶胶黏剂（简称氯丁胶，俗称万能胶）；另一类是水基型（以水为介质）胶黏剂，主要品种有聚乙烯醇缩甲醛（俗称107或801胶）和聚乙酸乙烯酯乳液（俗称白乳胶）。木工装饰装修常用的胶黏剂有氯丁橡胶胶黏剂、聚乙烯醇缩甲醛、聚乙酸乙烯酯乳液和丁苯橡胶胶黏剂等。

1. 氯丁橡胶胶黏剂

氯丁橡胶胶黏剂是一种溶剂型胶黏剂，常用于室内的木器、地毯与地面、塑料与木质材料等的黏结。它具有黏结力强、应用范围广、干燥速度快、制造简易、使用方便等特点。

氯丁橡胶胶黏剂的主要有害物质是溶剂中的苯和甲苯。该胶黏剂使用的溶剂有两类，一类是无毒性或毒性较低的溶剂，如乙酸乙酯、汽油、丙酮、正己烷、环己烷等；另一类是有毒或毒性较大的溶剂，如苯（毒性很大）、甲苯（有一定毒性）、二甲苯等。国家强制性标准《室内装饰装修材料　胶黏剂中有害物质限量》（GB 18583—2008）对这类胶黏剂中苯、甲苯、二甲苯和总挥发性有机物含量的上限做出了规定。

2. 聚乙酸乙烯酯乳液

白乳胶是由醋酸与乙烯合成醋酸乙烯，再经乳液聚合而成的。它具有常温固化、配制和使用方便、固化较快、黏结强度较高等特点，黏结层具有较好的韧性和耐久性，不易老化。

白乳胶主要用于内墙涂刷，塑料地板、地毯与地面的黏结，木器、人造板、瓦楞纸及纸箱的黏结等，用途十分广泛，它是目前市场上用量最大的水性聚合物。市售的白乳胶中的有害物质主要是游离甲醛。游离甲醛具有强烈的刺激性气味，对人体的呼吸道和中枢神经有刺激和麻醉作用，毒性较大，容易造成对人身的伤害和对环境的污染。选购时，产品必须符合《室内装饰装修材料 胶黏剂中有害物质限量》对胶中的游离甲醛含量的限制。

3. 聚乙烯醇缩甲醛

聚乙烯醇缩甲醛胶黏剂主要用于内墙涂刷、装修、贴壁纸、水泥的增强剂等。它具有价格低廉、制造简易、黏结性能好等特点。

这种胶黏剂的有害物质主要是游离甲醛。选购时，产品必须符合《室内装饰装修材料 胶黏剂中有害物质限量》对胶中的游离甲醛含量的限制。

三、选购胶黏剂时的注意事项

（1）尽量到具有一定规模的建材超市选购胶黏剂，一般大型建材超市有严格的进货制度，产品质量有保障。

（2）选择胶黏剂产品时应特别注意产品名称、规格型号。万能胶产品首选氯丁橡胶胶黏剂，白乳胶产品首选聚乙酸乙烯酯乳液木材胶黏剂，不要被诸如"优质""高固含""高黏"等字眼所迷惑。

（3）应选用知名企业的名牌产品。这些企业有良好的质量管理系统，质量有保证。

（4）查看胶黏剂外包装是否标明符合《室内装饰装修材料 胶黏剂中有害物质限量》（GB 18583—2008）规定的字样。

（5）不宜选用外包装粗糙、容器外形歪斜、使用说明等文字印刷模糊的商品。

（6）查看胶黏剂外包装上注明的生产日期，过了储存期的胶黏剂质量可能下降。

（7）如果开桶查看，胶黏剂的胶体应均匀、无分层、无沉淀，开启容器时无冲鼻刺激性气味。

（8）注意产品用途说明与选用要求是否相符。

步骤三　安装检查验收

1. 注意事项

（1）窗台板应选择干燥木材，厚度不小于20 mm，且所用木材含水率不能太高。

（2）窗框安装必须位置准确，离墙尺寸一致，两侧抹灰一致。

（3）安装窗台板时，左右两端高低差应小于2 mm，以避免窗台板挑出墙面尺寸不一致；安装时按中心线均分，使两端伸出长度一致。

（4）同一房间内，应按相同标高安装窗台板，并各自保持水平，两端伸出窗洞的长度一致，防止窗台板两端有高低偏差。

（5）质量验收：窗台板无翘曲；窗台板挑出墙面尺寸一致；两端伸出窗框长度一致；窗台板两端高低没有偏差。

2．常见问题及采取的措施

1）常见问题

常见问题是窗台板有翘曲，两端高低有偏差。

2）应采取的措施

（1）宽度大于 150 mm 的窗台板拼合时应穿暗带，以防止翘曲。

（2）安装窗台板时通过找平避免高低偏差。

（3）安装窗台板时应用水平尺找平，不允许有倒泛水。

（4）同一房间内有多个窗户时，在安装下一个窗台的窗台板时，应测量同一个窗户的标高和窗台板伸出长度，使所有窗户高度一致，两端伸出窗洞的长度一致。

3．验收记录

窗台板安装工程检验批质量验收记录见表 1－8。

表 1－8　窗台板安装工程检验批质量验收记录

工程名称			分项工程名称		项目经理	
施工单位			验收部位			
施工执行标准名称及编号		《建筑装饰装修工程质量验收标准》（GB 50210—2018）			专业工长（施工员）	
分包单位			分包项目经理		施工班组长	
《建筑装饰装修工程质量验收标准》的规定				施工单位自检记录	监理（建设）单位验收记录	
主控项目	1	材料质量	12.3.3 条			
	2	造型、规格、尺寸、安装位置和固定方法	12.3.4 条			
	3	窗台板配件的品种、规格和固定	12.3.5 条			
一般项目	1	表面质量	12.3.6 条			
	2	与墙面、窗框的衔接要求	12.3.7 条			
	3	水平度	2 mm			
	4	上口、下口直线度	3 mm			
	5	两端距窗洞口长度差	2 mm			
	6	两端出墙厚度差	3 mm			
施工操作依据						
质量检查记录						

（续）

施工单位检查 结果评定	项目专业 质量检查员：	项目专业 技术负责人： 年　月　日
监理（建设） 单位验收结论	专业监理工程师： （建设单位项目专业技术负责人）	年　月　日

 过程考核评价

窗台板安装过程考核评价见表1-9。

表1-9　窗台板安装过程考核评价表

项目二　窗台板的安装						
学员姓名		学号		班级		日期	

项目	考核项目		考核要求	配分	评分标准	得分
知识目标	木材的性质及选择		学会项目中木材的性质与选取方法	15	项目中的木材性质、质量判别方法或基本特征，错误一项扣5分	
	安装工艺描述		能叙述安装工艺要求	10	叙述不清楚扣5分	
能力目标	安装检查	水平度偏差2 mm		5	超差不得分	
		上口直线度偏差3mm		5	超差不得分	
		下口直线度偏差3 mm		5	超差不得分	
		两端距窗洞口长度差2 mm		5	超差不得分	
		两端出墙厚度差3 mm		5	超差不得分	
		表面裁口顺直，刨面平整、无倒翘		15	不满足一项扣5分	
	工具的使用	1. 画线工具使用； 2. 装饰手工工具使用		15	1. 画线工具不会使用扣5分； 2. 手工工具使用不熟练扣5分	

（续）

项目二　窗台板的安装				
方法及社会能力	过程方法	1. 学会自主发现、自主探索的学习方法； 2. 学会在学习中反思、总结，调整自己的学习目标，在更高水平上获得发展	10	根据工作中反思、创新见解、自主发现、自主探索的学习方法，酌情给 5~10 分
	社会能力	小组成员间团结、协作，共同完成工作任务，养成良好的职业素养（工位卫生、工服穿戴等）	10	1. 工作服穿戴不全扣 3 分； 2. 工位卫生情况差扣 3 分
实训总结		你完成本次工作任务的体会：（学到哪些知识，掌握哪些技能，有哪些收获?）		
得分				

工作小结

_____

_____

_____

_____

_____

_____

_____

_____

任务二
门口的装饰装修

02

项目一　木门窗套的安装

 ｜任务描述｜

　　木窗套是指在门窗洞口的两个立边垂直面，可突出外墙形成边框，也可与外墙平齐，既要立边垂直平整又要满足与墙面平整，故质量要求很高，如图 2－1 所示。这好比在门窗外罩上一个正规的套子，人们习惯称之为门窗套。

图 2－1　各种木门窗套效果图

 ｜接受任务｜

　　施工方案见表 2－1。

表 2－1　施工方案

安装地点	书房	工　时		安装人	
技术标准	《建筑装饰装修工程质量验收标准》（GB 50210—2018）				
工作内容	按照施工要求完成书房木窗套的安装				
材料及构件	胶合板、油纸、油毡、防潮涂料、胶黏剂、防腐剂、钉子				

（续）

工具	电动机具：小台锯、小台刨、手电钻、射枪 手用工具：大刨子、小刨子、槽刨、手木锯、螺丝刀、凿子、冲子、钢锯等	
作业条件	安装木门窗套处的结构面或基层面，应预埋好木砖或铁件	
验收结果	操作者自检结果： □ 合格　　　□ 不合格 签名： 　　　　　年　　月　　日	检验员检验结果： □ 合格　　　□ 不合格 签名： 　　　　　年　　月　　日

在进行门窗套安装之前，让我们来看看木框的结构吧！

 知识储备　常用的木框结构及选材

木框结构是室内装饰装修的基本结构之一，尤其在传统的装饰装修结构中占有重要的地位。最简单的木框架是由纵横各两根方材采用榫接合构成的；复杂一些的木框架结构，中间有横档、竖档或嵌板。如图 2-2 所示为基本木框架结构。由于榫接合的形式不同，使用要求差异很大，所以木框架结构形式也多种多样。

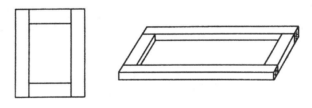

图2-2　基本木框架结构

1. 木框结构

（1）木框结构的概念。木框结构是指至少由四根方材纵横围合而成的结构，可以有中档。其组成零件有立梃、帽头、横档、竖档、装板。木框嵌板结构是指在框内嵌入拼板、覆面装饰板、镜子或玻璃的结构。

（2）木框角部接合。木框角部接合可分为两种，即直角接合与斜角接合。

①直角接合。木框直角接合牢固大方、加工简便，较常用。直角接合的形式多种多样，一般采用半搭接直角榫、贯通直角榫、非贯通直角榫、燕尾榫、圆榫以及多榫接合。如图 2-3 所示为木框架直角接合的结构形式。

②斜角接合。木框斜角接合时，方材的接合处须加工成斜角或单肩加工成斜面方可进行接合。斜角接合较美观，但强度略低，常用在接合精度要求较高的零部件上。

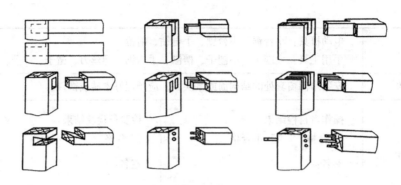

图2-3 木框架直角接合的结构形式

（3）木框架中部接合。木框架中部接合是指木框架中的竖档或横档与立挺或帽头的接合，其种类较多，主要有直角榫、插肩榫、圆榫、十字搭接、夹皮榫、交叉榫和燕尾榫。如图2-4所示为木框架中部接合的结构形式。

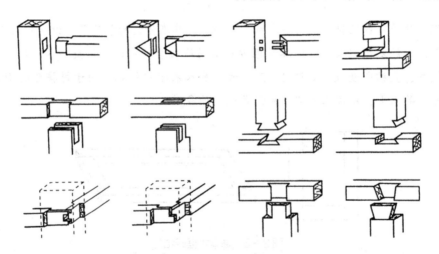

图2-4 木框架中部接合的结构形式

2. 箱框结构

木箱框是由四块或四块以上的板材，按一定的接合方式构成的框体或箱体。箱框结构的接合形式较多，主要是采用各种类型的整体榫或插入榫接合。箱框结构主要用于传统的家具结构中，在现代家具结构中已不多见。如图2-5所示为常见的木箱框结构形式。

（1）木箱框角部接合。木箱框是用至少四个板件围合而成的。箱框结构构成柜体，中部可设中板。角部的接合分为直角接合和斜角接合，其形式如图2-6所示。

（2）木箱框中部接合。常见的木箱框中部接合方式可分为直角多榫接合、圆榫接合和槽榫接合。

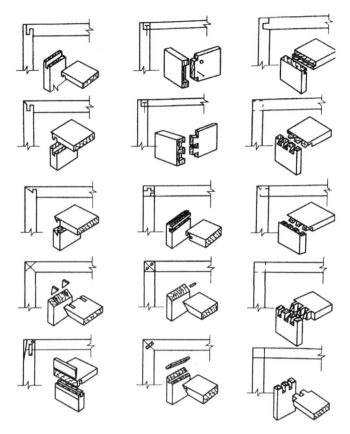

图2-5 常见的木箱框结构形式

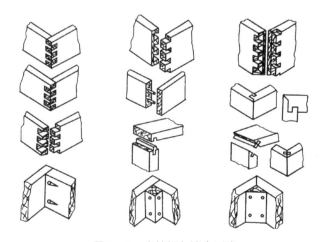

图2-6 木箱框角接合形式

3. 嵌板结构

嵌板结构主要用于装饰装修的旁板、门、顶板以及桌、椅等一些特殊结构。如图2-7所示为几种常见的嵌板结构形式。

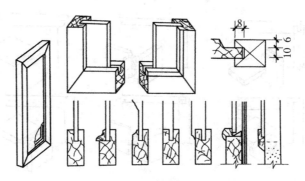

图 2-7　常见的嵌板结构形式

 | **任务实施** |

让我们按下面的步骤进行本项目的实施操作吧!

步骤一　施工前准备

1. 材料要求

(1) 木材的树种、材质等级、规格应符合设计图纸要求及有关施工及验收规范的规定。

(2) 龙骨料一般用红白松烘干料,含水率不大于12%,材质不得有腐朽、超断面1/3的节疤、劈裂、扭曲等疵病,并预先经防腐处理。

(3) 面板一般采用胶合板(切片板呈旋片板),厚度不小于 3 mm(也可采用其他贴面板材),颜色、花纹要尽量相似。用原木材作面板时,含水率不大于12%,板材厚度不小于 15 mm;要求拼接的板面、板材厚度不小于 20 mm,且要求纹理顺直、颜色均匀、花纹近似,不得有节疤、裂缝、扭曲、变色等疵病。

2. 辅料

(1) 防潮卷材:油纸、油毡,也可用防潮涂料。

(2) 胶黏剂、防腐剂:乳胶、氟化钠(纯度应在75%以上,不含游离氟化氢和石油沥青)。

(3) 钉子:长度规格应是面板厚度的 2~2.5 倍;也可用射钉。

3. 主要机具

(1) 电动机具:小台锯、小台刨、手电钻、射枪。

(2) 手用工具:木刨子(大、中、小)、槽刨、木锯、细齿、刀锯、斧子、锤子、平铲、冲子、螺丝刀;方尺、割角尺、小钢尺、靠尺板、线锤、墨斗等。

4. 作业条件

(1) 安装木门窗套处的结构面或基层面，应预埋好木砖或铁件。

(2) 木门窗套的骨架安装，应在安装好门窗口、窗台板以后进行，钉装面板应在室内抹灰及地面做完后进行。

(3) 木门窗套龙骨应在安装前将铺面板面刨平，其余三面刷防腐剂。

(4) 施工机具设备在使用前安装好，接通电源，并进行试运转。

施工基础上的工程量大且较复杂时，应绘制施工大样图，并应先做出样板，经检验合格后，才能大面积进行作业。

 知识链接　常用砍削工具的使用方法

一、斧子

斧子是用来劈削木材和敲击物体的主要工具，木工常用斧子的刃部可将多余的木料砍掉，比锯和刨要快而且省力，但劈削面比较粗糙；用斧子的顶部可敲击凿子或进行木制品的组装。斧子由斧头和斧把组成，通常用柞木、檀木等硬木制作斧把，斧把的中心线应偏向斧顶一边，如图2-8所示。

图2-8　斧子

（a）单刃斧　（b）刃斧

1. 斧子的操作方法

(1) 砍削姿势。用斧子砍削木料是效率较高的粗加工方法。砍的姿势有两种：一种是平砍（横砍），另一种是立砍（竖砍）。

①平砍，适用于砍削较长的木料。砍削时，把木料平放在操作台上卡住，双手握住斧把，右手在前，左手在后，斧刃斜面向下，双手靠拢，从右向左顺着木纹砍削，以墨线为界，不要过线，也不要留线过多，如图2-9（a）所示。砍削时，应留出刨削余量；对不需要刨光的木料，要在离开墨线1~2 mm处落斧，从右向左顺着木纹方向砍削。如遇到逆纹或节子，可将木料掉头，从另一端砍削，或将斧刃翻转向上，从左向右砍削；否则，逆纹砍削将会把木纹劈裂或将木节崩掉。

②立砍，适用于砍削较小、较短的木料。砍削时，左手握木料左上部，将木料顺着木纤维方向直立在地面或工作台上，右手握斧把，以墨线为准，斧刃斜面向外，留出刨削余量，挥动小臂顺木纹由上向下砍削，直到符合要求为止，如图2-9（b）所示。

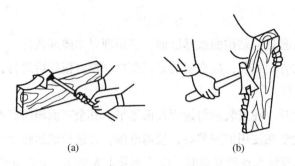

图2-9 平砍和立砍

(a) 平砍 (b) 立砍

（2）砍削方法。如果砍削的木料较厚、较长，一次砍削有困难时，可在木料边棱上每隔100 mm左右的部位斜砍若干个小缺口，随后再顺纹进行砍削。这样，当斧子的刃口落在切口处时，切口处的木纤维就会形成木片自然落下。如果砍削过程中遇到逆纹或节子，应将木料掉头，从另一端进行砍削；若遇到坚硬、较大的节子，可用锯将节子锯掉。如图2-10所示为砍削方法。

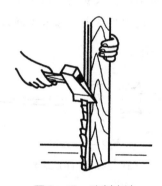

图2-10 砍削方法

2. 注意事项

（1）落斧要准确，必须注视落斧的位置，手要把握落斧方向和用力的大小，应顺茬砍削。要求斧刃锋利，否则效率会降低。

（2）以墨线为准，留出刨削余量，不得砍到墨线以内。

（3）若被砍削的部分较厚，则必须隔10 mm左右斜砍一斧，以便砍到切口时木片容易脱落。

（4）砍料过程中遇到节子时，若为短料应掉头再砍；若为长料应从双面砍；若节子在板材中心，应从节子中心向两边砍削。节子较大时，可将节子砍碎再左右砍削；如果节子坚硬，应锯掉而不宜硬砍。

（5）砍削软木时不要用力过猛，要轻砍细削，以免将木料顺纹撕裂。

（6）在地面砍削时，木料底部应垫木块，以防止砍在地面上损坏斧刃。砍削圆木料时，应将木料稳固在木马架或枕槽上。

（7）斧把要安装牢固，砍削开始时用力要轻、稳，再逐渐加力，方向和位置要把握准确。

二、锛

锛是用来砍削较大木料平面的工具，如图2-11所示。锛由锻铁锛头、硬木锛展、铁箍、硬木把和木楔组成。锛刃用锻钢制成，前刃平齐；木把用硬木制成。

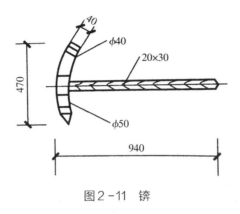

图2-11　锛

1. 锛的使用方法

用锛砍削时，应将木料两端垫起，平放，并固定在垫木上。右手在前，左手在后，握住锛把上半部，看清木料的顺茬后，站在木料的左侧，由木料的后端开始等距离地砍削，直至砍到木料前端；然后右脚在前，左脚在后，踏在木料上，脚尖向右前，脚的内前侧脚掌略翘起，由木料的前端开始按已画好的线顺茬向后锛削。如图2-12所示为锛的使用方法。锛是一种难以操作的工具，使用不当容易伤人，操作时应注意安全。

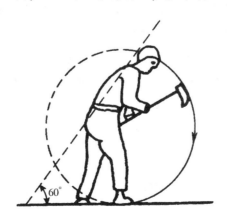

图2-12　锛的使用方法

2. 注意事项

（1）被砍削的木料必须放置稳固。

（2）锛头的刃口必须锋利。

（3）锛刃砍进木料后，要将锛把稍加摇晃再另起锛。

（4）为防止木渣、木片垫着刃口而使其发生滑移后伤脚，必须及时清除砍削面上的木渣、木片。

（5）操作有一定的危险性，要经过专门训练，操作熟练后，方可使用。

步骤二　木门窗套的安装

1. 找位与画线

木门窗套安装前，应根据设计图要求，先找好标高、平面位置、竖向尺寸，再进行弹线。

2. 核查预埋件及洞口

弹线后检查预埋件、木砖是否符合设计及安装的要求，主要检查排列间距、尺寸、位置是否满足钉装龙骨的要求；量测门窗及其他洞口位置、尺寸是否方正垂直，与设计要求是否相符。

3. 铺、涂防潮层

设计有防潮要求的木门窗套，在钉装龙骨时应压铺防潮卷材，或在钉装龙骨前进行涂刷防潮层的施工。

4. 龙骨配制与安装

根据洞口实际尺寸，按设计规定骨架料断面规格，可将一侧木门窗套骨架分三片预制，洞顶一片、两侧各一片。每片一般为两根立杆，当筒子板宽度大于 500 mm，中间应适当增加立杆。横向龙骨间距不大于 400 mm；面板宽度为 500 mm 时，横向龙骨间距不大于 300 mm。龙骨必须与固定件钉装牢固，表面应刨平，安装后必须平、正、直。防腐剂配制与涂刷方法应符合有关规范的规定。

5. 钉装面板

1）面板选色配纹

全部进场的面板材，使用前按同房间、临近部位的用量进行挑选，使安装后从观感上木纹、颜色近似一致。

2）裁板配制

按龙骨排尺，在板上画线裁板，原木材板面应刨净；胶合板、贴面板的板面严禁刨光，小面皆须刮直。面板长向对接配制时，必须考虑接头位于横龙骨处。

原木材的面板背面应做卸力槽，一般卸力槽间距为 100 mm，槽宽 10 mm，槽深 4 ~ 6 mm，以防板面扭曲变形。

6. 面板安装

（1）面板安装前，对龙骨位置、平直度、钉设牢固情况、防潮构造要求等进行检查，合格后进行安装。

（2）面板配好后进行安装，面板尺寸、接缝、接头处构造完全合适，木纹方向、颜色的观感尚可的情况下，才能进行正式安装。

（3）面板接头处应涂胶并与龙骨钉牢，钉固面板的钉子规格应适宜，钉长一般为面板厚度的 2 ~ 2.5 倍，钉距一般为 100 mm，钉帽应砸扁，并用尖冲子将钉帽顺木纹方向冲入面板表面下 1 ~ 2 mm。

（4）钉贴脸：贴脸料应进行挑选，花纹、颜色应与框料、面板近似。贴脸规格尺寸、宽窄、厚度应一致，接槎应顺平无错槎。

 知识链接　常用刨削工具的使用

一、刨的种类和用途

刨是木工作业中的重要工具，它可以把木料刨削成光滑的平面及一些不规则面。刨类工具的种类很多，按其用途不同可以分为平刨、槽刨、线刨、边刨和铁刨等，铁刨暂不介绍。

1. 平刨

平刨是木工使用最多的一种刨，其主要作用是将木料刨削到平、直、光滑的程度。平刨主要由刨床、刨刃、刨楔、盖铁、刨把等组成，如图 2 - 13 所示。

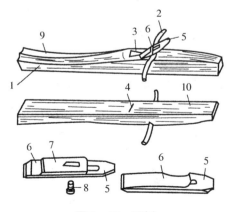

图 2 - 13　平刨

1—刨床；2—刨把；3—刨刃槽；4—刨口；5—刨刃；6—盖铁；

7—刨楔；8—固定螺钉；9—刨背；10—刨腹

2. 槽刨

槽刨是专供刨削凹槽用的，有固定槽刨和万能槽刨两种。常用槽刨的规格为 3～15 mm，使用时应根据需要选用适当的规格。

3. 线刨

线刨可以将木料刨成各种需要的线形。线刨的种类很多，有单线刨和杂线刨，而且常常需要根据使用要求自己动手制作。杂线刨主要用于装饰，如刨制门窗、家具和其他木制品的装饰线，也可刨制各种木线。杂线刨形状很多，如图 2-14 所示为杂线刨的几种形式。

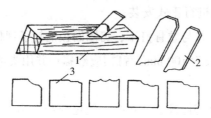

图 2-14 杂线刨的几种形式
1—刨床；2—刨刃；3—线模

4. 边刨

边刨又称裁口刨，专供在木料边缘开出裁口使用，刨身长度为 200～300 mm，厚约为 40 mm，高为 50～60 mm。

二、刨的使用方法

1. 平刨的使用

平刨在使用时要根据需要进行调整，装刀和调刀方法如图 2-15 所示。装刀时，将盖铁扣到刨刃之上，调好两刃之间的距离，拧紧固定螺钉，放入刀槽中，并用刨楔楔紧。调刀时，左手握住刨子，底面朝上，前端朝面部，目测刀刃露出情况。右手握小锤子，轻轻敲击刨刃上端，刃口就会露出；敲击刨刃两侧，可使入口左右高低一致（见图 2-15（a））。如果刀刃露出太多，可用小锤子敲击刨身后端（或后上部），刨刃就会后退（见图 2-15（b））。刃口调好后，将刨楔敲紧。要将刨刃从槽中退出，也可采用锤子敲击刨身后端的方法。

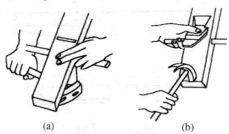

图 2-15 平刨调刀和退刀方法
（a）调刀 （b）退刀

刨削时，刨的底部应始终紧贴木料面。开始时不要将刨头翘起来；刨到前端时不要使刨头低下，即"端平刨子，走直路子"，如图2-16所示为正确的刨削方法。否则，刨出来的木料表面中间部分会凸起。推刨时，要腿、腰、手并用。刨削操作方法如图2-17所示。

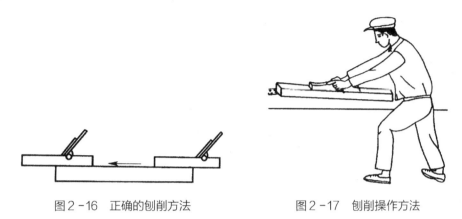

图2-16　正确的刨削方法　　　　　图2-17　刨削操作方法

2. 线刨、边刨的使用

使用前要调整好刨刃的留出量。推线刨及边刨时，应用右手拿刨，左手扶住木料。这两种刨的操作方法基本相似，都是向前推送，刨削时不要一开始就从后端刨到前端，而应先从离前端150~200 mm处开始刨削，然后再后退同样距离向前刨削。依此方法，人向后退、刨向前推，最后将刨从后端一直刨到前端，使刨削的线条深浅一致。

3. 槽刨的使用

槽刨如图2-18所示。装夹刨刃时，将斜刃插入燕尾形刃槽内固定。槽刨刃装入刨床刃槽内，利用两只螺栓拧紧两侧，将刨刃夹固。使用前先调整刨刃露出量及挡板与刨刃的位置。刨削时，以左手扶住木料，右手拿住刨身，先从木料的后半部分向后端刨削，然后再逐渐从前半部分开始刨削。开始时要轻刨，待刨出凹槽后可适当增加力量，直到最后从前端到后端刨出深浅一致的凹槽为止。

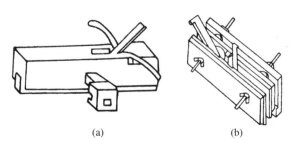

(a)　　　　　　　　(b)

图2-18　槽刨

(a) 固定槽刨　(b) 万能槽刨

知识链接　锯机的安全操作

锯剖机械常用的有圆盘锯、带锯机、截锯机等。以下主要介绍圆盘锯。

圆盘锯（见图 2-19）主要由机架、工作台、锯轴、切割刀具（圆锯片）、导尺、传动机构和安装机构等组成。圆盘锯上的圆锯片按其断面形状可分为圆锯片、矩形锯片和刨削锯片三种形式。圆盘锯主要用于纵向及横向锯割木材。

圆盘锯的操作要点如下。

（1）每台机械都应单独设置电源箱，作业前应首先检查电源情况，开关要灵活可靠。

（2）机械应保持清洁，安全防护装置要齐全可靠，各部

图 2-19　圆盘锯

位连接紧固，工作台上不得放置杂物，锯片的锯齿必须尖锐，不得连续缺齿两个，不得有裂纹或破损。

（3）安装锯片时应保持与主轴同心，片内孔与轴的空隙不应大于 0.2 mm，否则会产生离心惯性力而使锯片在旋转中摆动。锯片上方必须安装保险挡板和滴水装置及分料器。

（4）开机空运转时，机械的带轮、锯轮、刀轴、锯片等高速转动构件要达到平衡试验的要求。根据木料厚度，以锯片能露出木料 10~20 cm 为界。

（5）启动后，待转速正常以后方可进行锯料。操作人员和辅助人员站立位置不得正对锯片的旋转方向，并应密切配合，以同步匀速送料、接料。

（6）如锯旧料，必须先检查被锯割木材是否有钉子，或表面是否有水泥砟，以防损伤锯齿，甚至发生伤人的事故。

（7）送料时，不得使木料左右晃动或抬高，一定要注意手的位置，即与锯口保持一定的距离。锯料长度应不小于 500 mm，接近断头时，应用推棍送料。遇到木节时，要放慢送料速度。如锯线走偏，应逐渐纠正以免损坏锯片。

（8）严禁在运行中戴手套操作，严禁在运行中测量尺寸或清理机械上的木屑、刨花等杂物。排除故障、拆装刀具时，必须待机械停稳，并切断电源以后，方可进行。

（9）作业后，应切断电源，并对机械进行清理、润滑，清除木屑、刨花，整理好木料，把现场打扫干净。

步骤三　安装检查验收

1. 注意事项

（1）木门套表面应平整、洁净，线条顺直，接缝严密，色泽一致。

（2）不得有裂缝、翘曲及损坏。

2. 常见问题及采取的措施

1）常见问题

常见问题是门洞口侧面不垂直；门套表面有色差、破损、腐斑、裂纹、死节等；门套

侧面未垫实。

2）应采取的措施

（1）用垫木片找直、垫平，测量无误差后再装垫层板。

（2）更换饰面板，木门套使用的木材应与门扇木质、颜色协调，饰面板与木线条色差不能大，材质应该相近或相同。

（3）拆除面板后应加垫大芯板，使门套侧面底层垫实。

3．验收记录

木门窗安装工程检验批质量验收记录见表 2-2。

表 2-2　木门窗安装工程检验批质量验收记录

工程名称			分项工程名称			项目经理					
施工单位			验收部位								
施工执行标准 名称及编号		《建筑装饰装修工程质量验收标准》（GB 50210—2018）					专业工长 （施工员）				
分包单位			分包项目经理				施工班组长				
《建筑装饰装修工程质量验收标准》的规定				施工单位自检记录				监理（建设）单位验收记录			
主控项目	1	材料质量	12.3.3 条								
	2	造型、规格、尺寸、安装位置和固定方法	12.3.4 条								
	3	木门窗配件的品种、规格和固定	12.3.5 条								
一般项目	1	表面质量	12.3.6 条								
	2	与墙面、窗框的衔接要求	12.3.7 条								
	3	水平度	2 mm								
	4	上口、下口直线度	3 mm								
	5	两端距窗洞口长度差	2 mm								
	6	两端出墙厚度差	3 mm								
施工操作依据											
质量检查记录											
施工单位检查 结果评定		项目专业 　质量检查员：				项目专业 　技术负责人： 　　　　　　　　　　　年　　月　　日					
监理（建设） 单位验收结论		专业监理工程师： 　（建设单位项目专业技术负责人） 　　　　　　　　　　　　　　　年　　月　　日									

过程考核评价

木门窗套安装过程考核评价见表 2-3。

表 2-3 木门窗套安装过程考核评价表

项目一　木门窗套的安装						
学员姓名		学号		班级		日期	
项目	考核项目		考核要求	配分	评分标准	得分
知识目标	木材的性质及选择		学会项目中木材的性质与选取方法	15	项目中的木材性质、质量判别方法或基本特征，错误一项扣5分	
	安装工艺描述		能叙述安装工艺要求	10	叙述不清楚扣5分	
能力目标	安装检查	水平偏差2 mm		5	超差不得分	
		木窗套上口直线偏差3 mm		5	超差不得分	
		木窗套下口直线偏差3 mm		5	超差不得分	
		两端距窗洞口长度偏差2 mm		5	超差不得分	
		两端出墙厚度差3 mm		5	超差不得分	
		表面裁口顺直，刨面平整、无倒翘		15	不满足一项扣5分	
	工具的使用	1. 画线工具使用；2. 装饰手工工具使用		15	1. 画线工具不会使用扣5分；2. 手工工具使用不熟练扣5分	
方法及社会能力	过程方法	1. 学会自主发现、自主探索的学习方法；2. 学会在学习中反思、总结，调整自己的学习目标，在更高水平上获得发展		10	根据工作中反思、创新见解、自主发现、自主探索的学习方法，酌情给5~10分	
	社会能力	小组成员间团结、协作，共同完成工作任务，养成良好的职业素养（工位卫生、工服穿戴等）		10	1. 工作服穿戴不全扣3分；2. 工位卫生情况差扣3分	
	实训总结		你完成本次工作任务的体会：（学到哪些知识，掌握哪些技能，有哪些收获？）			
	得分					

| 工作小结 |

项目二 壁橱木门的安装

任务描述

壁柜又称内嵌壁柜，是住宅套内与墙壁结合而成的落地或悬挂贮藏空间，如图 2-20 和图 2-21 所示。在墙体上留出空间而成的橱，也叫作壁橱。

如果房里没有充足的空间容得下全尺寸的壁橱，那么一个吊衣柜或许就够用了。这些吊衣柜多数是松木与桃花心木制作的传统形式，它们的外表看起来像一个带抽屉的普通衣柜，然而一打开，便显露出挂衣服的空间，而且也有抽屉的安排。

图 2-20 橱柜效果图　　　　图 2-21 壁柜效果图

接受任务

施工方案见表 2-4。

表 2-4 施工方案

安装地点	门厅、厨房	工 时		安装人	
技术标准	《建筑装饰装修工程质量验收标准》（GB 50210—2018）				
工作内容	按照施工要求完成厨房橱柜、门厅壁柜木门的安装				
材料及构件	白松木、大角、小角、木螺丝、机螺丝、铁件、合页、铰链、滑轨				
工具	电动机具：手电钻、小电动台锯 手用工具：大刨子、小刨子、槽刨、手木锯、螺丝刀、凿子、冲子、钢锯等				
作业条件	安装木门时，应按施工图的要求预埋木砖或铁件，预制混凝土构件应设预埋件				
验收结果	操作者自检结果： □ 合格　　□ 不合格 签名： 　　　　年　月　日		检验员检验结果： □ 合格　　□ 不合格 签名： 　　　　年　月　日		

在进行木门安装之前，让我们来看看常见的接合方式都有哪些呢？

 知识储备 木材装修常见的接合方式

木工装饰装修常用的接合方式有榫接合、钉接合、连接件接合、木螺钉接合和胶接合五种。

1. 榫接合

榫接合是实木室内装饰装修以及传统框式室内装饰装修常见的接合方式。在现代室内装饰装修中，榫的类型发生了一定的变化，但是基本原理是相同的。

（1）榫接合的概念。榫接合是将榫头压入榫眼或榫槽内，把两个零部件连接起来的一种接合方法。一般的榫接合还需配有胶黏剂以增加其强度。

（2）榫头的基本接合形式。榫头的基本接合形式有直角榫接合（见图2-22）、圆榫接合（见图2-23）、燕尾榫接合（见图2-24）和指榫接合（见图2-25）。

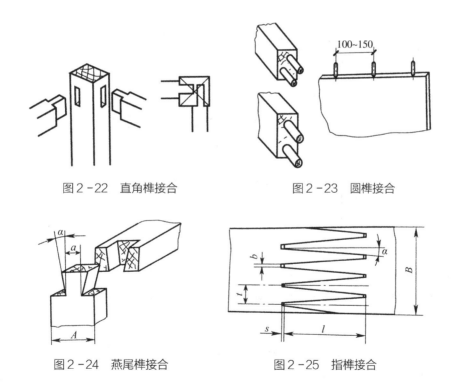

图2-22 直角榫接合　　　　　图2-23 圆榫接合

图2-24 燕尾榫接合　　　　　图2-25 指榫接合

（3）榫接合的种类及特点。

①整体榫。整体榫的榫头是直接在工件上加工而成的。典型的整体榫有直角榫、燕尾榫、椭圆榫和指榫等，如图2-26（a）所示。

②插入榫。插入榫（见图2-27（b））是与工件分离且单独加工而成的，被广泛地用于现代室内装饰装修的结构中。典型的插入榫有圆榫等。

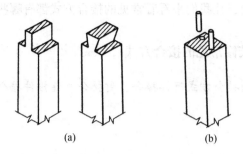

图2-26 整体榫和插入榫

（a）整体榫 （b）插入榫

③贯通榫。也称明榫，榫端暴露在接合部的外面。贯通榫的接合强度高，但是美观性差。

④非贯通榫。也称暗榫，榫端没有暴露在接合部的外面。非贯通榫的接合强度相对于贯通榫要略低，但是美观性好，在现代室内装饰装修结构中使用较多，如椭圆榫接合。

⑤开口榫、闭口榫与半闭口榫。如图2-27所示，根据直角榫头的不同，可分为开口榫、闭口榫和明榫、暗榫等形式。

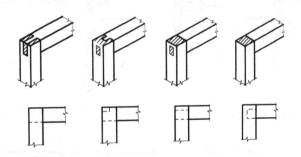

图2-27 开口榫、闭口榫和明榫、暗榫

根据零部件接合处的尺寸，榫接合可以按榫头的数量分为单榫、双榫与多榫。在传统的装饰装修结构中，一般框架的接合、抽屉的角部接合常采用多榫接合。

2．钉接合

（1）钉接合概述。钉接合是一种借助于钉与木质材料之间的摩擦力将接合材料连接在一起的接合方法，通常与胶黏剂配合使用。钉接合是各种接合中操作最方便的一种接合方法，多用于室内装饰装修的内部以及外部要求不高的接合点。

（2）钉的类型。

①竹钉。竹钉是指使用竹子制成的钉子，常用在传统的手工室内装饰装修生产中，在现代生产中已被逐渐淘汰。

②木钉。木钉是指多使用硬杂木制成的钉子，由于钉子自身强度低，不能用于强度要

求较高的接合，而且仅在传统的手工室内装饰装修生产中被采用。

③金属钉。金属钉的种类较多，室内装饰装修生产中常采用的金属钉有室内装饰装修钉、无头钉、扁头钉、半圆头钉、鞋钉、U 形钉、泡钉和圆钢钉等。

（3）钉接合的特点。

①钉接合破坏木质材料，接合强度低，美观性差。

②当钉子顺木纹方向钉入木材时，其握钉力要比垂直于木纹钉入时的握钉力低 1/3，因此在实际应用时应尽可能垂直于木材纹理钉入。

③当刨花板、中密度纤维板采用钉接合时，其握钉力随着密度的增加而提高。当垂直于板面钉入时，刨花板或纤维板被压缩分开，具有较好的握钉力；当从端部钉入时，由于刨花板、中密度纤维板平面抗拉强度较低，其握钉力很差或不能使用钉接合。

（4）螺钉接合。螺钉接合是室内装饰装修生产中比较简单、方便的接合方法，常被用来接合不宜多次拆装的室内装饰装修零部件以及室内装饰装修的里面或背面，如室内装饰装修的背板、椅座面、餐桌面以及配件的安装等。

3. 连接件接合

连接件是紧固类配件的主要部分，也是现代拆装室内装饰装修中零部件结构的主要连接形式。

（1）连接件的种类。常用的连接件有倒刺式连接件、螺旋式连接件、偏心式连接件和拉挂式连接件等。

①倒刺式连接件。倒刺式连接件主要用于垂直零部件的连接。倒刺式连接件的种类较多，目前室内装饰装修结构中常用的有普通倒刺式螺母连接件、角尺式倒刺式连接件和直角式倒刺式连接件。

②螺旋式连接件。螺旋式连接件主要用于垂直零部件的连接。目前，室内装饰结构中常用的有圆柱式螺母连接件、外螺纹式空心螺母连接件和刺爪式螺纹板式连接件。

③偏心式连接件。偏心式连接件主要用于板式室内装饰装修中垂直零部件的连接，也有的偏心式连接件用于平行板件的接合。偏心式连接件的种类、规格较多，目前室内装饰装修结构中常用的有膨胀销式偏心连接件和偏心轮式连接件。

④拉挂式连接件。拉挂式连接件是利用固定于某一个零部件上的金属片状式连接件上的夹持口，将另一个连接在零部件上的金属柱式零件扣住，从而将两个零部件紧紧连在一起的接合方法，常用于直角形零部件的连接，而且可以多次拆卸。

（2）其他连接件。其他连接件包括锁、滑动装置、位置保持装置、高度保持装置、支撑装置、拉手、脚轮和脚座等。

4. 木螺钉接合

木螺钉接合可用于五金件的安装和固定，也可用于零部件之间的连接。技术要求及其他略。

5. 胶接合

胶接合是指用胶连接零部件的接合方式。技术要求及其他略。

 │任务实施│

让我们按下面的步骤进行本项目的实施操作吧！

步骤一　施工前准备

1. 材料要求

（1）木门：木门的型号、尺寸、数量及质量必须符合设计要求，有出厂合格证；木料含水率不大于12%；防火门要有防火等级证书及出厂合格证。

（2）五金配件：小五金及其配件的种类、规格、型号必须符合图纸要求，并与门框扇相匹配，且产品必须是合格产品。

（3）主要机具：刨子、锯、锤子、改锥、塞尺、线坠、墨斗、木钻等。

2. 作业条件

（1）门框进入施工现场必须检查验收；门框扇安装前必须检查型号、尺寸是否符合要求，有无窜角、翘扭、弯曲、劈裂及木节情况等。

（2）木门框靠墙、靠地的一面刷防腐涂料，其他各面及扇涂刷清油一道，刷油后通风干燥。

（3）刷好油的门应分类码放在存物架上，架子上面垫平，离地20～30 cm。码放时框与框、扇与扇之间垫木板条通风。门框、扇严禁露天堆放，避免日晒雨淋或发生翘曲、劈裂。

 知识链接　常用锯割工具的使用

一、锯的种类

木工锯有框锯、刀锯、大板锯、钢丝锯、侧锯、拐子锯等多种，较常用的有框锯和刀锯两种。

1. 框锯

（1）框锯的组成。框锯也称拐锯，由工字形木架、锯梁和锯条等组成，如图2-28所示。锯拐一端装锯条，另一端装麻绳，用锯标绞紧；或装钢串杆，用翼形螺母旋紧。

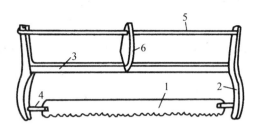

图2-28　框锯

1—锯条；2—锯拐；3—锯梁；4—锯扭；5—锯绳；6—锯标

（2）框锯的分类。框锯按其用途不同分为纵向锯（顺锯）、横向锯（截锯）和曲线锯（穴锯）。

①顺锯。顺锯是平行于木材纹理方向切剖使用的工具，一般用于将木料剖成小方板或薄板。锯条较宽，便于直线导向，锯路不易跑弯。锯齿前刃角度较大，拨齿为左、中、右、中。

②截锯。截锯是垂直于木材纹理方向横截的工具，一般用于切断板子或木方。锯条尺寸略短，锯齿较密。锯齿齿刃为刀刃形，前刃角度较小。锯齿应拨齿为一左一右。

③穴锯。穴锯（见图2-29）的锯条较窄、较厚，专用于弯曲类构件，锯条长度为600 mm左右；锯条较窄，约为10 mm，锯齿前刃角度介于截锯和顺锯之间，拨齿为左、右、右。

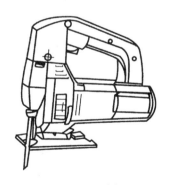

图2-29　穴锯

2．刀锯

刀锯有双刃刀锯、夹背刀锯和鱼头刀锯等，均由锯片、锯把两部分组成，如图2-30所示。刀锯携带方便，适用于框锯不便使用的场合。

（1）双刃刀锯。双刃刀锯的锯片两侧均有锯齿，一侧为截锯锯齿，另一侧为顺锯锯齿，可以纵向锯削和横向锯削两用。双刃刀锯不受材面宽度限制，适合锯割薄木材或胶合板等既长又宽的材料，使用极为方便。

（2）夹背刀锯。夹背刀锯的锯片较薄，其钢夹背用以加强锯片背部强度，保持锯片的平直。由于其锯齿较细、较密，锯割的木材表面光洁。夹背刀锯多用于细木工程。

（3）鱼头刀锯。鱼头刀锯也称大头锯，其一侧有锯齿，且锯齿比较粗，齿形为刀刃形，拨齿为人字形锯路，一般用于横截木料，是建筑木工支模板最常用的工具之一。鱼头刀锯左右两侧的斜齿起开路作用，中间直立齿为定心齿，它可使锯条稳定，保证锯缝顺直。

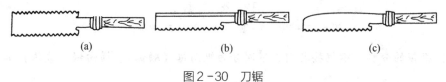

图2-30　刀锯

(a) 双刃刀锯　(b) 夹背刀锯　(c) 鱼头刀锯

3. 大板锯

大板锯又称为龙锯，这种锯的锯齿及锯条特别大，锯齿的两侧角度相同，供两人上、下或横向拉、推操作。大板锯多用于采伐树木或锯割很大的原木，现在一般仅在农村使用。

4. 钢丝锯

钢丝锯是锯削比较精密的圆弧和曲线形工件时使用的工具，其使用方法与刀锯基本相似。锯削时，左脚踩稳平放在工作凳上的工件，先用钢丝锯齿按照画好的线斜向锯一个锯口，然后将钢丝锯条全部导入锯口，待锯条全部没入锯口后，再双手握住钢丝锯上部的把手，逐渐增加锯削力量，并使钢丝锯的锯齿与工件表面垂直进行锯削。钢丝锯的操作方法如图2-31所示。

5. 侧锯

侧锯又称为研缝锯，在刨削较宽的槽和榫肩研缝时使用，如图2-32所示。

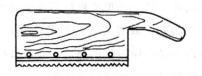

图2-31　钢丝锯的操作方法　　　　图2-32　侧锯

6. 拐子锯

拐子锯上绷卡的锯条有宽条、细条和粗齿、细齿之分。宽条、粗齿的拐子锯可将大木料破开锯割成小木料，切割时比较省力；窄条、细齿的拐子锯既能沿直线切割木料，也能在木料上进行曲线切割。

二、锯的使用

使用框锯时，应先检查张紧绳是否绷紧，锯条是否扳直。如果张紧绳过松，锯割时锯条弯曲，容易跑锯，锯割的方向不准确；如果张紧绳过紧，往往出现锯架变形、锯拐折断等现象。为了减轻框锯的张紧负荷，用完后应放松张紧绳。下锯时，右手紧握锯拐，锯齿向下，为防止锯条跳动，用左手拇指靠住墨线的端头处，使锯齿挨住左手拇指指甲，轻轻推拉几下（预防跳锯伤手）；当木料棱角处出现锯口后，左手离开端头，并逐渐加快转为正常速度。可两手握锯，也可右手握锯、左手扶料进行锯割。锯割时推锯用力要重，提锯回拉时用力要轻，锯路沿墨线走，不要跑偏；锯割速度要均匀，有节奏，尽量加大推拉距离；锯的上部向后倾斜，使锯条与料面的夹角约成70°；锯至末端时，锯割速度要减慢，用左手将构件拿稳，防止构件因自重下折或沿木纹劈裂而影响质量。锯割方法如图2-33所示。

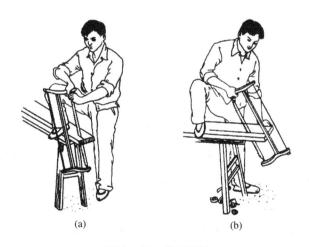

图2-33　锯割方法

（a）双手纵式锯割　（b）单手纵式锯割

步骤二　木门的安装

1. 弹线

安装时应根据门的尺寸、高度、安装位置和开启方向，在墙上、地面上画出门框的位置线，门框安装标高以墙上弹出的线+50 cm水平线为依据，为保证相邻门框的顺平和墙面交圈，应在墙上拉小线找平、找直；并用水平尺将线引入洞内，作为立框时的标高，再用线坠校正吊直。

2. 门框安装

门框采用的是专业厂家加工的成品木框，为保证其安装牢固，门框与墙面的固定点每边不少于6点，与顶面固定点不少于3点，间距不大于300 mm。

3. 门扇安装

（1）门扇采用在加工厂加工制作的成品门扇，现场安装。先确定门的开启方向及五金配置；检查并保证门口尺寸正确，边角方正，角无窜角，在门扇和门框上确定合页的固定点并画线；将门扇的边框收口条用刨子调整到适当的程度。

（2）将门扇靠在框上画出相应尺寸线，若扇大，应将多余部分刨除；若扇小，则需另加木条，用胶和钉子钉牢。钉帽砸扁钉入木材内2 mm。修刨门时应用木卡具将门垫起卡牢，以免损坏门边。

（3）将修包好的门扇塞入口内，用木楔顶住临时固定，按门扇与口边缝宽的合适尺寸画二次修刨线，标出合页槽位置。合页距门上、下端为立梃高的1/10，避开上、下冒头。注意口与扇安装要平整。

4. 合页安装

（1）门经二次修刨，缝隙尺寸合适后即安装合页，先用线勒子勒出合页宽度，钉出合页安装边线，分别从上、下边往里量出合页长度，剔合页槽应留线，不可剔得过大、过深，若过深则用胶合板调节。

（2）合页槽剔好后，即可安装上、下合页。安装合页之前需先将门扇上、下口涂漆，安装合页时先拧一个螺钉，然后关上门检查缝隙是否合适，门扇是否平整，上、中、下合页轴线是否在一条垂线上，防止门扇自动开启或关闭。无问题后，可将螺钉全部钉上并拧紧。木螺钉钉入1/3、拧入2/3，拧时不能倾斜，严禁全部钉入。若门为硬木，先用直径为木螺钉直径9/10的钻头钻孔，孔深为木螺钉长度的2/3，然后再拧入螺钉。若遇木节，应在木节处钻孔，重新塞入木塞后再拧紧螺钉，同时注意不要遗漏螺钉。

5. 五金安装

五金安装按图样要求不得遗漏。门拉手位于门高度中点以下，插销安于门拉手下面，门锁不可安于中冒头与立梃结合处，以防伤榫，若与实际情况不符可上调50 mm。一般门拉手距地面1.0 m，门锁、碰珠、插销距地面900 mm。

6. 有玻璃的成品木门

安装玻璃门时，玻璃裁口在走廊内。厨房、厕所的玻璃裁口在室内。

知识链接　木工轻便机具的安全操作

轻便机具是指用来代替手工工具，用电或压缩空气作为动力，可减轻劳动强度，加快施工进度、保证工程质量的机械。其特点是质量轻，可单手自由操作；体积小，便于携带，运用灵活；工效高，与手工工具相比，具有明显的优势。常用的轻便机具有曲线锯、手电钻、电动旋具等。

1. 曲线锯

曲线锯（图2-34）可以用于中心切割（如开孔）、直线切割、圆形或弧形切割等，为了切割准确，要始终保持底面与工件成直角。对不同的材料，应选用不同的锯条：中齿、粗齿锯条适用于锯割有色金属板、压层板；细齿锯条适用于锯割钢板。

操作中要使用与金属铭牌上相同的电压；不能强行推动锯条前进，不要弯折锯片；使用过程中不要覆盖排气孔；不要在开动中更换零件、进行润滑或调节速度等。操作时，人与锯条要保持一定的距离，运动部件未停止时不要把机体放倒，要注意经常维护保养。

2. 手电钻

手电钻（见图2-35）又称手提式电钻，它是开孔、钻孔、固定的理想工具。

图2-34　曲线锯　　　　　　图2-35　手电钻

操作时先接通电源，双手端正机体，将钻头对准钻口中心，打开开关，双手加压，以增加钻入速度。操作时要戴好绝缘手套，防止电钻漏电而发生触电事故。

3. 电动旋具

电动旋具具有正反转控制按钮，主要作用是紧固木螺钉和螺母，如图2-36所示。

使用前检查电压是否正常；根据被锁螺钉的形状，配备好旋具头，接上或卸下旋具头时，以指尖将旋具帽向上推；插入电源并将开关设在"F"的位置，装上旋具头，预先调整被锁螺钉所需扭力段的位置；打开开关，电动机运转，开始操作被锁螺钉。当被锁螺钉超出设定扭力值时，离合器会自动打滑，旋具头停止转动，作业完成。如要松开螺钉，开关应放在"R"位置，按上述操作即可完成。

图2-36　电动旋具

步骤三　安装检查验收

1. 注意事项

（1）安装门扇时应轻拿轻放，防止损坏成品；修整门时不得硬撬，以免损坏扇料和五金件。

（2）安装门扇时注意避免碰撞抹灰角和其他装饰好的成品。

（3）已安装好的门扇如不能及时安装五金件，应派专人负责管理，防止刮风时损坏门及玻璃。

（4）严禁将窗框扇作为架子的支点使用，防止因脚手板砸碰而损坏。

（5）门扇安好后不得在室内使用手推车，防止砸碰。

2. 常见问题及采取的措施

1）常见问题

常见问题是门扇与门套缝隙大，五金件安装质量差，门扇开关不灵活，推拉门滑动时拧劲等。

2）应采取的措施

（1）可将门扇卸下刨修到与框吻合后重新安装。

（2）可将每个合页先拧下一个螺钉，然后调整门扇与框的平整度，经调整、修理无误差后再拧紧全部螺钉。上螺钉必须平直，先钉入全长的1/3，然后再拧入2/3，严禁一次钉入或斜拧入。

（3）将锁舌板卸下，用凿子修理舌槽，调整门框锁舌口位置后，再安装锁舌板。

（4）调整轨道位置，使上、下轨道与轨槽中心线铅垂对准。

3. 验收记录

橱柜木门安装工程检验批质量验收记录见表 2-5。

表 2-5　橱柜制作与安装工程检验批质量验收记录

工程名称			分项工程名称		项目经理	
施工单位			验收部位			
施工执行标准名称及编号		《建筑装饰装修工程质量验收标准》（GB 50210—2018）			专业工长（施工员）	
分包单位			分包项目经理		施工班组长	

《建筑装饰装修工程质量验收标准》的规定				施工单位自检记录										监理（建设）单位验收记录		
主控项目	1	材料质量	12.2.3 条													
	2	预埋件或后置埋件	12.2.4 条													
	3	造型、尺寸、安装位置、制作和固定方法	12.2.5 条													
	4	配件的品种、规格	12.2.6 条													
	5	抽屉和柜门的开关、回位	12.2.7 条													
一般项目	1	表面质量	12.2.7 条													
	2	裁口、拼缝	12.2.9 条													
	3	外型尺寸	3 mm													
	4	立面垂直度	2 mm													
	5	门与框架的平行度	2 mm													
施工操作依据																
质量检查记录																

施工单位检查结果评定	项目专业 质量检查员：	项目专业 技术负责人： 年　月　日
监理（建设）单位验收结论	专业监理工程师： （建设单位项目专业技术负责人） 年　月　日	

过程考核评价

壁橱木门安装过程考核评价见表2-6。

表2-6 壁橱木门安装过程考核评价表

项目二 壁橱木门的安装					
学员姓名		学号		班级	日期
项目	考核项目	考核要求	配分	评分标准	得分
知识目标	木材的性质及选择	学会项目中木材的性质与选取方法	15	项目中的木材性质、质量判别方法或基本特征，错误一项扣5分	
	安装工艺描述	能叙述安装工艺要求	10	叙述不清楚扣5分	
能力目标	安装检查	水平度偏差2 mm	5	超差不得分	
		上口直线度偏差3 mm	5	超差不得分	
		下口直线度偏差3 mm	5	超差不得分	
		外型尺寸偏差3 mm	5	超差不得分	
		里面垂直度偏差2 mm	5	超差不得分	
		门与框架的平行度偏差2 mm	5	超差不得分	
		表面裁口顺直，刨面平整、无倒翘	15	不满足一项扣5分	
	小五金件安装	1. 位置适宜，槽边整齐； 2. 小五金件齐全、洁净； 3. 小五金件规格符合要求	10	1. 位置不适宜，槽边不整齐扣5分； 2. 小五金件缺项、未清理洁净扣5分； 3. 小五金件选择错误扣5分	
方法及社会能力	过程方法	1. 学会自主发现、自主探索的学习方法； 2. 学会在学习中反思、总结，调整自己的学习目标，在更高水平上获得发展	10	根据工作中反思、创新见解、自主发现、自主探索的学习方法，酌情给5~10分	
	社会能力	小组成员间团结、协作，共同完成工作任务，养成良好的职业素养（工位卫生、工服穿戴等）	10	1. 工作服穿戴不全扣3分； 2. 工位卫生情况差扣3分	
	实训总结	你完成本次工作任务的体会：（学到哪些知识，掌握哪些技能，有哪些收获？）			
	得分				

| 工作小结 |

任务三
顶棚的装饰装修

03

项目一　木龙骨吊顶施工

📠 | 任务描述 |

　　木龙骨是家庭装修中最常用的骨架材料，被广泛地应用于吊顶、隔墙、实木地板骨架制作中，如图 3-1 所示。木龙骨俗称木方，主要由松木、椴木、杉木等木材进行烘干刨光再加工成截面为长方形或正方形的木条。

图 3-1　木龙骨吊顶效果图

 | 接受任务 |

　　施工方案见表 3-1。

表 3-1　施工方案

安装地点	卫生间	工　时		安装人	
技术标准	《建筑装饰装修工程质量验收标准》（GB 50210—2018）				
工作内容	按照施工要求完成卫生间龙骨吊顶的施工				
材料及构件	木料：红白松木 面板材及压条：胶合板、纤维板、实木板、纸棉石膏板				
工具	电动机具：手电钻、小电动台锯 手用工具：大刨子、小刨子、槽刨、手木锯、螺丝刀、凿子、冲子、钢锯等				
作业条件	安装木龙骨吊顶时，应对顶棚的起拱度、灯槽、窗帘盒、通风口等处进行构造处理，经鉴定后再大面积施工				

（续）

验收结果	操作者自检结果： □ 合格　　□ 不合格 签名： 　　　　　年　月　日	检验员检验结果： □ 合格　　□ 不合格 签名： 　　　　　年　月　日

在进行木龙骨施工前，让我们来看看木材配料及加工工艺都有哪些呢？

 知识储备　木材配料及加工工艺

木材配料过程是节约木材，对木材进行综合利用的一道重要工序，所以必须掌握实木配料技巧。

1. 配料

（1）配料的定义。配料是按照零件的尺寸、规格和质量要求将原木或锯材锯剖成各种规格的方材毛料的加工过程。

（2）配料工作的主要内容。

①合理选料。

②控制含水率。

③合理确定加工余量。

（3）配料的原则。配料是细木工加工的前一道工序，配料过程中必须遵循以下三个原则：

①根据室内装饰装修零部件对于材料的要求以及零件毛料的规格、尺寸匹配关系进行配料；

②在配料时必须以节约木材为原则；

③配料时要根据图示尺寸及设计要求，认真、合理地选用木材，避免大材小用、优材劣用、长材短用。

2. 配料工艺

（1）准备工作。

①原材料准备。根据图样对零部件的要求准备好干燥板材。

②设备。常用配料设备有截锯机、推台锯机、圆锯机、多锯片圆锯机和带锯机等。

（2）配料方案与工艺。

①先横截后纵剖的配料工艺。如图 3 - 2 所示，先横截后纵剖的配料工艺为干燥锯材→选料→横截→纵刨→检验→方材。

先横截后纵剖的配料工艺适用于较长和尖削度较大的锯材，可以做到长材不短用、长短搭配和减少车间的运输等；在横截时，可以去掉锯材的一些缺陷，但是有一些有用的锯材也被锯掉，因此木材的出材率较低。

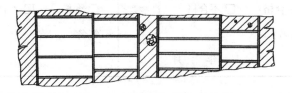

图3-2 锯材先横截后纵剖配料

②先纵剖再横截的配料工艺。如图3-3所示，先纵剖再横截的配料工艺为干燥锯材→选料→纵刨→横截→检验→方材。

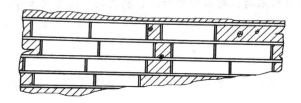

图3-3 锯材先纵剖后横截配料

先纵剖再横截的配料工艺适用于大批量宽度较大的锯材，可以有效地去掉锯材的一些缺陷，有用的锯材被锯掉的少，故是一种提高木材利用率的好办法。

③先画线再锯截的配料工艺。先画线再锯截的配料工艺分为平行画线法和交叉画线法两种配料方法，其中锯材交叉画线法配料如图3-4所示。

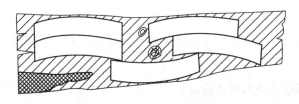

图3-4 锯材交叉画线法配料

工艺一：干燥锯材→选料→画线→横截→曲线锯解→检验→方材毛料。

工艺二：干燥锯材→选料→画线→曲线锯解→横截→检验→方材毛料。

先画线再锯截配料工艺的特点如下：便于套裁下料，可以大大提高木材的利用率；针对曲线形零部件的加工，特别是使用锯制曲线件加工的各类零部件。预先画线，既保证了质量，又可提高出材率。

④先粗刨后锯截的配料工艺。先粗刨后锯截的配料工艺如下。

工艺一：干燥锯材→选料→粗刨→纵剖横截→检验→方材毛料。

工艺二：干燥锯材→选料→粗刨→横截→纵剖→检验→方材毛料。

工艺三：干燥锯材→选料→画线→曲线锯解→横截→检验→方材毛料。

先粗刨后锯截配料工艺的特点如下：暴露木材的缺陷，配制要求较高的方材毛料；粗刨后的配料工艺应根据锯材的形式采用不同的锯截方案。

⑤集成材和实木拼板材的配料工艺。胶成拼板后再锯截配料如图3-5所示，集成材和实木拼板材的配料工艺如下。

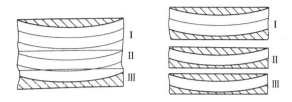

图3-5　胶成拼板后再锯截配料

工艺一：集成材曲线形毛料的配制，定制材→粗刨→截头去缺陷→铣齿→涂胶→接长→精刨→涂胶→横拼→画线→曲线锯解→曲线形毛料。

工艺二：实木拼板材曲线形毛料的配制，定制材→粗刨→截头去缺陷→涂胶→横拼→画线→曲线锯解→曲线形毛料。

3. 加工余量

在进行配料工艺加工的过程中，零部件的加工余量是必须考虑的一个问题。不同的零部件、不同的加工工序，有不同的加工余量，需要综合考虑各道工序的加工量和最终零部件的精料尺寸来确定零部件的加工余量。

（1）加工余量概述。

①加工余量。将毛料加工成形状、尺寸和表面质量符合设计要求的零件时，所切去的一部分材料称为加工余量。

②加工余量与木材损耗的关系。

其一，加工余量大，生产中出现废品的可能性小，但是由于加工余量大，使其原材料的损失加大，即原材料的总损失大。

其二，加工余量小，生产中出现废品的机会多，虽然加工余量损失小，但是原材料的总损失加大。

（2）影响加工余量的因素。影响加工余量的因素有尺寸偏差、形状误差、安装误差、最小材料层等，这几种因素在有些情况下是可以相互抵消的，如考虑尺寸误差可能就不需要考虑表面粗糙度等因素。

（3）确定加工余量时需考虑如下因素。

①木材的翘曲。对于翘曲的木材，加工余量要大一些。

②木材干燥质量。对于干燥质量不太好的木材，加工余量要大一些。

③加工精度和表面粗糙度。对于加工精度和表面粗糙度要求较高的零部件，加工余量

要大一些。

(4) 实际生产中的加工余量经验值。

①宽度、厚度的加工余量。

单面刨床：1~2 mm，长度大于1 m时取3 mm。

双面刨床：2~3 mm/单面，长度大于2 m时取4~6 mm/单面。

四面刨床：1~2 mm/单边，长度大于2 m时取2~3 mm/单边。

②长度的加工余量。

端头有单榫头时，取5~10 mm。

端头有双榫头时，取8~16 mm。

端头无榫头时，取5~8 mm。

指接的毛料，取10~16 mm（不包括榫）。

 | 任务实施 |

让我们按下面的步骤进行本项目的实施操作吧！

步骤一 施工前准备

木吊顶由吊筋、主龙骨、次龙骨及罩面板等组成。其施工方便、灵活，取材容易，但由于其具有不耐温、易虫蛀、易变形、不防火、工业化程度低等缺点，使用已越来越受到限制。

1. 施工准备

1) 材料要求

木料：要求木龙骨和木质面板进行防火、防腐处理，木材骨架料应为烘干、无扭曲的红白松树种，不得使用黄花松；木龙骨规格按设计要求，如设计无明确规定，大龙骨规格为50 mm×70 mm或50 mm×100 mm，小龙骨规格为50 mm×50 mm或40 mm×60 mm，吊杆规格为50 mm×50 mm或40 mm×40 mm。

罩面板材及压条：按设计选用，严格掌握材质及规格标准。

其他材料：圆钉，直径为6 mm或8 mm螺栓，射钉，膨胀螺栓，胶黏剂，木材防腐剂和8号镀锌铁线。

2) 主要机具

电动机具：小电锯、小台刨、手电钻。

手用工具：木刨、线刨、锯、斧、锤、旋具、摇钻等。

2. 作业条件

(1) 安装完顶棚内的各种管线及设备，确定好灯位、通风口及各种照明孔口的位置。

（2）顶棚罩面板安装前，应做完墙、地湿作业工程项目。

（3）搭好顶棚施工操作平台架子。

（4）顶棚在大面积施工前，应做样板间，对顶棚的起拱度、灯槽、窗帘盒、通风口等处进行构造处理，经鉴定后再大面积施工。

 知识链接　刨削机械的安全操作

刨削机械主要有手压刨机、自动压刨机、三面刨机和四面刨机等。以下主要介绍前两种。

1. 手压刨机

手压刨机又称平面刨，由机座、台面（工作台）、刀轴、刨刀、导板、电动机等组成。如图3-6所示为目前在工地普遍应用的手压刨机。

图3-6　手压刨机

手压刨机的操作要点如下。

（1）操作前应检查安全保护装置是否齐全有效，刀片是否完好且没有破损裂纹，刀片和刀片螺钉的厚度必须一致，刀架夹板必须平整贴紧，紧固刀片螺钉应注意不要过紧或过松。

（2）刨削前，应对需加工材料进行检查，板厚小于30 mm、长度不足400 mm的短材，禁止在手压刨机上进行刨削，以防止发生伤手事故；材料上带有硬节，或旧料上有钉子、杂物等，应处理完再加工。

（3）刨料时，手应按在料的上边，手指必须距离刨口50 mm以上，严禁用手在木料后端跨越刨口进行刨料。

（4）送料时，无论何种材质的刨料都应顺茬刨削，遇有戗茬、节疤、纹理不直、坚硬等材料时，要放慢刨削的进料速度，严禁用手按在节疤上送料，以免发生刨伤事故。

（5）两人同时操作时，要互相配合，木料过刨刀300 mm后，下手方可接拉。

（6）机械运转时不得将手伸进安全挡板或拆除安全挡板，严禁戴手套进行操作。

2. 自动压刨机

自动压刨机可以将经手压刨机刨过的两个相邻木料刨削成一定厚度和宽度规格的木料。

自动压刨机由机身、工作台、刀轴、刨刀滚筒、升降系统、防护罩、电动机等组合而成。常用的自动压刨机有 MB103 和 MB1065 两种型号，如图 3 - 7 所示为 MB1065 型自动压刨机。

图 3 - 7　MB1065 型自动压刨机

自动压刨机的操作要点如下。

（1）操作前应检查安全装置，调试正常后方可进行操作。

（2）应按照加工木料的要求仔细调整机床刻度尺，每次背吃刀量以不超过 2 mm 为宜。

（3）自动压刨机应由两人操作，一人进料，一人按料，人须站在机床左侧、右侧或稍后位置。刨长料时，两人应平直推进、顺直拉送。刨短料时，可用木棍推进，不能用手。如发现横走，应立即转动手轮，将工作台面降落或停车调整。

（4）工作时，操作人员的衣袖要扎紧，不得戴手套，以免发生事故。

步骤二　木龙骨吊装施工

1. 放线

确定标高线是顶棚装饰工程施工的重要内容之一，标高线的正确与否直接影响室内家具、墙面及其他配套工程的施工。顶棚的设计标高线可用透明塑料软管求得，如图 3 - 8 所示。

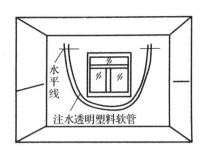

图 3-8 用塑料软管求顶棚的设计高度线

具体操作如下：取一根长 5~6 m、直径 15~25 mm 的透明塑料软管，先从一端开始向管内注水，直到另一端出水且管内无水泡时为止，把它挂在墙上备用，然后在某一墙面上的基准线的某一点开始向上测出设计标高线上的相应位置，将透明塑料软管一端的水平面对准已测得的设计标高线的某一点，再将透明塑料软管的另一端水平面放在同侧墙面的另一位置，当管内水平面静止不动时，用笔标出另一端软管水平面的位置，把这两点连接起来所得到的线即为顶棚的设计标高线。

用同样的方法可画出其他墙面上的顶棚设计标高线。必须注意：同一个工程的基准高度线只能以一个点为参照标准，其他墙面的设计标高线均以此点为标准进行测量放线。

2. 下料

木龙骨要选用材质较疏松，易钉、刨、锯，含水率及干缩性小，且不易变形的树种，如白松、红松、椴木等。主龙骨的断面尺寸一般为 40 mm×60 mm 或 60 mm×60 mm，次龙骨的断面尺寸一般为 30 mm×40 mm 或 20 mm×30 mm，长度根据图样的设计要求确定。

3. 木龙骨拼装

木龙骨在吊装前，应在楼（地）面上进行拼装，拼装的面积一般不超过 10 m²。木龙骨拼装的方法常采用咬口拼装法。其具体做法为在龙骨上开槽，将槽与槽之间进行咬口拼装，槽内涂胶并用钉子固定，如图 3-9 所示。

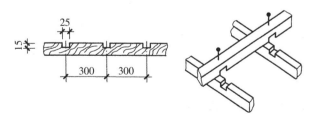

图 3-9 木龙骨开槽拼装示意图

4. 确定吊筋位置、安装吊点

安装吊点、吊筋吊点常用膨胀螺栓、预埋件等，吊筋可用钢筋、角钢或方木，吊点与吊筋之间可采用焊接、绑扎、钩挂、螺栓或螺钉等方式连接，如图 3 - 10 所示。

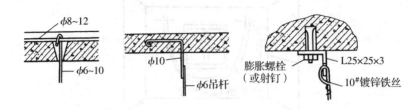

图 3 - 10　吊装吊点的紧固方式

不上人吊顶主龙骨间距为 1 200 ~ 1 500 mm，吊筋间距为 1 000 ~ 1 500 mm。

5. 钉沿墙龙骨

沿设计标高线用电锤钻孔钉入木楔，然后用与次龙骨相同规格的木方钉入。注意木方的底部与设计标高线之间必须保证有饰面层材料的厚度。

6. 安装主龙骨

主龙骨应单面刨光（与次龙骨连接面），两端分别伸到两侧的墙中或与沿墙龙骨固定。

7. 安装次龙骨

次龙骨的间距一般为 300 mm，两边刨光（分别是与主龙骨和罩面板的连接面），用钉斜向钉入主龙骨，先安装与主龙骨垂直的次龙骨，后安装与主龙骨平行的次龙骨，同时要保证次龙骨的接头在同一个水平面上，高低误差不得大于 0.5 mm。

 知识链接　常见装饰装修结构

室内装饰装修结构主要包括地面、墙面（包括隔墙）、门窗和顶棚。

1. 地面

地面按构造形式不同可分为整体式地面、铺贴式地面、粘贴式地面、涂刷式地面和木地板地面等。

（1）整体式地面，包括水泥砂浆地面、细石混凝土地面和现浇水磨石地面等。

（2）铺贴式地面，指铺贴各种石质块材的地面，主要包括铺预制水磨石块、铺陶瓷锦砖和铺大理石、花岗石地面。

（3）粘贴式地面，指在水泥地面上粘贴塑胶地板、塑料地毯，或在水泥地面上满铺尼龙地毯或毛地毯。

（4）涂刷式地面，指在水泥地面上直接涂过氯乙烯涂料、聚乙烯涂料以及地板漆等。

（5）木地板地面，包括架空木地板（见图 3 - 11（a））、格栅式木地板（见图 3 - 11（b））和复合木地板（见图 3 - 12）。

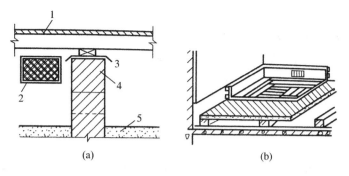

图3-11　架空木地板和格栅式木地板

（a）架空木地板　（b）格栅式木地板

1—长条木地板；2—墙上通风篦子；3—防潮层；4—地垄墙；5—灰土一步

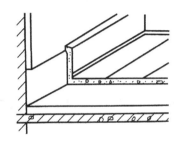

图3-12　复合木地板

2. 墙面

（1）水泥砂浆墙面：13 mm厚1:3水泥砂浆打底，1:2.5水泥砂浆抹面，压实赶光。

（2）纸筋（麻刀）灰墙面：14 mm厚1:3石灰砂浆打底，2 mm厚纸筋（麻刀）灰抹面。

（3）陶瓷锦砖、面砖墙面：1:3水泥砂浆找平层（扫毛），5 mm厚水泥砂浆黏结层，贴陶瓷锦砖（或面砖），干水泥擦缝。

（4）粘贴石质板材墙面：12 mm厚1:3水泥砂浆打底，6 mm厚1:2.5水泥砂浆抹面，在石质板材上涂抹专用胶黏剂，铺贴石材，干水泥擦缝。

（5）挂贴石质板材墙面：墙内预埋锚固件，墙面设双向钢筋网，纵筋与锚固件焊牢，用双股18#铜丝将石质板材（钻孔或切槽）与横向钢筋绑牢，在50 mm宽的缝隙中分层灌入1:2.5的水泥砂浆，稀水泥浆擦缝。

（6）镶挂石质板材墙面：墙身内的预埋件与镶挂石材的型钢龙骨焊牢，在石材边部开口切槽，将其套入型钢上的角码中，用云石胶固定，石材接缝处打胶密封。

（7）纸面石膏板涂乳胶漆墙面：在墙体表面钉25 mm×25 mm、间距300～400 mm的纵、横木龙骨，上面铺钉纸面石膏板，并进行板缝防裂处理，涂专用防水涂料一道，再涂油漆或乳胶漆。

3. 门窗

建筑物中的门和窗随着建筑功能的要求不同，在品种和构造等方面也有较大的变化，一般进行以下划分。

（1）门的种类。按门的构造划分，有夹板门、镶板门、拼板门、实拼门、镶玻璃门、玻璃门、格栅门、百叶门、带纱扇门、连窗门等。

（2）窗的种类。按窗的构造划分，有单层窗、双层窗、三层窗、带形窗、子母扇窗、组合窗、落地窗、带纱扇窗、百叶窗等。

4. 顶棚

（1）抹灰顶棚：用7 mm厚1:1:6水泥纸筋石灰砂浆打底，3 mm厚纸筋石灰膏抹面。

（2）纸面石膏板吊顶：轻钢龙骨用吊筋吊牢，用自攻螺钉将纸面石膏板固定在龙骨上，涂清油一道，在壁纸（布）背面涂胶黏剂，并将其粘贴到石膏板上。

（3）岩棉板吊顶：钢筋混凝土内打入膨胀螺栓，设吊筋，铝合金龙骨双向中距500 mm，设上部铝合金横撑，将岩棉板置入其中。

（4）穿孔石膏吸音板吊顶：用直径8 mm的螺栓吊杆吊轻钢龙骨，将9 mm厚的穿孔石膏吸音板放在龙骨翼缘，用自攻沉头螺钉拧牢。

（5）PVC板吊顶：用直径8 mm的螺栓吊杆吊轻钢大龙骨、将⊥形铝合金中龙骨及横撑置入PVC成品板。

（6）铝合金条板吊顶：直径8 mm的螺栓吊杆，大龙骨中距小于或等于1 200 mm，中龙骨中距小于或等于1 200 mm，0.5~0.8 mm厚铝合金条板面层。

（7）胶合板吊顶：直径8 mm的钢筋吊挂50~70 mm的大木龙骨，中距900~1 200 mm，找平后用50 mm×50 mm的小龙骨吊挂钉牢，中距450~600 mm，然后钉5 mm厚胶合板（注：木制部分均须做防火处理）。

5. 调平

在两端墙面上沿每根主龙骨方向拉通线，根据房屋的跨度按一定的比例起拱，然后固定吊筋。固定吊筋时先把吊筋与顶棚结构层连接，再与主龙骨连接，施工过程中一定要保证吊筋与楼板结构间的连接牢固，如发生松动，应及时重新安装。吊筋的下端不应冒出次龙骨的底面，否则会影响罩面板的安装。

6. 刷防火涂料

待龙骨调平以后，刷一至两遍符合国家防火要求的涂料，等待隐蔽工程验收。

步骤三　安装检查验收

1. 安装注意事项

（1）吊顶龙骨上禁止铺设机电管道、线路。

（2）木骨架及罩面板安装应注意保护顶棚内各种管线，骨架的吊杆、龙骨不应固定在通风管道及其他设备件上。

（3）为了保护成品，罩面板安装必须在棚内管道试水、保温等一切工序全部验收后进行。

（4）工序交接全部采用书面形式并由双方签字认可，由下道工序作业人员和成品保护负责人同时签字确认，并保存工序交接书面材料，下道工序作业人员对防止成品的污染、损坏或丢失负直接责任，成品保护专人对成品保护负监督、检查责任。

2．常见问题及采取的措施

1）常见问题

常见问题是吊顶木格栅拱度不均匀、吊顶面变形等。

2）应采取的措施

（1）木龙骨应选择干燥的松木、杉木等软质木材。

（2）吊顶格栅装钉前，应按设计标高在四周墙上弹线找平；装钉时，四周以平线起拱，起拱高度应为房间跨度的 1/200，纵横拱度均应吊匀。

（3）格栅及吊顶格栅的间距、断面尺寸应符合设计要求。

（4）选用优质板材，以保证吊顶质量。

3．验收记录

木龙骨吊顶工程检验批质量验收记录见表 3-2。

表 3-2　木龙骨吊顶工程检验批质量验收记录

工程名称			分项工程名称		项目经理	
施工单位			验收部位			
施工执行标准名称及编号		《建筑装饰装修工程质量验收标准》（GB 50210—2018）			专业工长（施工员）	
分包单位			分包项目经理		施工班组长	
质量验收规范的规定				施工单位自检记录	监理（建设）单位验收记录	
主控项目	1	标高、尺寸、起拱、造型	6.3.2 条			
	2	饰面材料要求	6.3.3 条			
	3	饰面材料安装要求	6.3.4 条			
	4	吊杆、龙骨要求	6.3.5 条			
	5	吊杆、龙骨安装牢固	6.3.6 条			

（续）

一般项目	1	饰面材料表面质量	6.3.7条	
	2	饰面板上的设备安装	6.3.8条	
	3	龙骨表面质量	6.3.9条	
	4	吸声材料要求	6.3.10条	
	5	允许偏差 表面平整度	石膏板	3 mm
			金属板	2 mm
			矿棉板	3 mm
			塑料板、玻璃板	2 mm
	6	接缝直线度	石膏板	3 mm
			金属板	2 mm
			矿棉板	3 mm
			塑料板、玻璃板	3 mm
	7	接缝高低差	石膏板	1 mm
			金属板	1 mm
			矿棉板	2 mm
			塑料板、玻璃板	1 mm

施工操作依据	
质量检查记录	
施工单位检查结果评定	项目专业质量检查员：　　　　　　项目专业技术负责人：　　　　　年　月　日
监理（建设）单位验收结论	专业监理工程师：（建设单位项目专业技术负责人）　　　　　年　月　日

 | 过程考核评价 |

木龙骨吊顶施工过程考核评价见表3－3。

表3-3　木龙骨吊顶施工过程考核评价表

项目一　木龙骨吊顶施工					
学员姓名		学号		班级	日期
项目	考核项目	考核要求	配分	评分标准	得分
知识目标	龙骨特征及选材	学会项目中龙骨的特征与选取方法	15	项目中的龙骨特征、质量判别方法或基本特征，错误一项扣5分	
	安装工艺描述	能叙述安装工艺要求	10	叙述不清楚扣5分	

（续）

能力目标	安装检查（塑料板、玻璃板）	表面平整偏差 2 mm	8	超差不得分	
		接缝平直偏差 3 mm	8	超差不得分	
		接缝高低偏差 1 mm	8	超差不得分	
		表面裁口顺直，刨面平整、无倒翘	16	不满足一项扣 5 分	
	工具的使用	1. 画线工具使用；2. 装饰手工工具使用	15	1. 画线工具不会使用扣 5 分；2. 手工工具使用不熟练扣 5 分	
方法及社会能力	过程方法	1. 学会自主发现、自主探索的学习方法；2. 学会在学习中反思、总结，调整自己的学习目标，在更高水平上获得发展	10	根据工作中反思、创新见解、自主发现、自主探索的学习方法，酌情给 5~10 分	
	社会能力	小组成员间团结、协作，共同完成工作任务，养成良好的职业素养（工位卫生、工服穿戴等）	10	1. 工作服穿戴不全扣 3 分；2. 工位卫生情况差扣 3 分	
实训总结	你完成本次工作任务的体会：（学到哪些知识，掌握哪些技能，有哪些收获？）				
得分					

工作小结

项目二 轻钢龙骨吊顶施工

任务描述

轻钢龙骨是一种新型的建筑材料，随着我国现代化建设的发展，轻钢龙骨广泛用于宾馆、候机楼、客运站、火车站、游乐场、商场、工厂、办公楼、旧建筑改造、室内装修设置、顶棚等场所，如图 3-13 所示。

轻钢（烤漆）龙骨吊顶具有重量轻、强度高以及适应防水、防震、防尘、隔音、吸音、恒温等功效，同时还具有工期短、施工简便等优点。

图 3-13 轻钢龙骨吊顶效果图

接受任务

施工方案见表 3-4。

表 3-4 施工方案

安装地点	卫生间		工　时		安装人	
技术标准	《建筑装饰装修工程质量验收标准》（GB 50210—2018）					
工作内容	按照施工要求完成体育场轻钢龙骨吊顶的施工					
材料及构件	轻钢骨架、吊杆、螺丝、射钉、自攻螺钉					
工具	电动机具：电锤、手枪钻、金属切割机、砂轮机、电焊机、气泵、风批、拉铆枪、气带、激光自动安平标线仪 手用工具：施工线、墨斗、盒尺、锤子、錾子、扫帚、板牙等					
作业条件	轻钢骨架顶棚在大面积施工前应做样板间，对顶棚的起拱度、灯槽、通风口等处进行构造处理，经过做样板间决定分块及固定方法，经鉴定认可后再大面积施工					
验收结果	操作者自检结果： □ 合格　　□ 不合格 签名： 　　　　　　年　月　日			检验员检验结果： □ 合格　　□ 不合格 签名： 　　　　　　年　月　日		

在进行任务之前，让我们来看看我们需要掌握什么样的知识储备吧！

 ## 知识储备 装饰装修部件加工

一、基准面的加工

基准面包括平面（大面）、侧面（小面）和端面三个面。平面和侧面的基准面可以采用铣削方式加工，常在平刨床或铣床上完成；端面的基准面一般用横截锯加工。对于各种不同的零件，按照加工要求的不同，不一定都需要三个基准面，有的只需将其中的一个或两个面作为基准面。

1. 在平刨床上加工

在平刨床上加工基准面是目前家具制作中普遍采用的一种方法，它可以消除毛料的形状误差。

平刨床一般都是手工进给的，加工中操作人员的手要通过高速旋转的刀轴，因而手指被切割的危险性很大，因此工作时必须严格遵守安全操作规程。操作前，应对被加工的零件进行查看，确定操作方法。送料时右手握住工件的尾部，左手按压工件中部，紧贴靠山向前推送。当右手距离刨口 100 mm 时，即应抬起右手靠左手推送。在操作中应随着工件的移动，调换双手。对于被加工毛料，一般是将被选择的表面先粗定为基准，此时是粗基准。经过切削后，及时将压持力从前工作台转移到后工作台，此时基准面变为刚被加工的表面，且是精基准。将粗基准转换成精基准的关键是将压持力从前工作台转移到后工作台，以尽可能地提高加工精度。

2. 在铣床上加工

用下轴铣床可以加工基准面、基准边及曲面。加工基准面时，将毛料靠紧导尺进行。加工曲面则需用夹具，夹具样模的边缘必须具有精确的形状和平整度，毛料固定在夹具上，样模边缘紧靠刀轴上的挡环进行铣削就可加工出所需的基准面。

3. 用横截锯加工

有些实木零件需要做钻孔加工时，往往要以端面作为基准，而在配料时，所用截断锯的精度较低，因此毛料经过刨削以后，一般还需要再截断（精截），也就是进行端基准面的加工，使它与其他表面具有所要求的相对位置与角度，使零件具有精确的长度。

二、相对面的加工

为了满足所需要的零件规格尺寸和形状，在加工出基准面后，还需对毛料的其余表面进行加工，使之平整光洁，并与基准面之间具有正确的相对位置和准确的断面尺寸，从而加工成规格精料，这就是基准相对面的加工，也称规格尺寸加工。一般可以在压刨、铣床等设备上完成。

三、板缝拼接

用木材做桌面板等大幅面的板材，需将多块窄的实木板通过一定的侧边拼接方法拼接成所需要宽度的板材，即拼板。这样不仅可减少变形开裂，而且可增加形状稳定性，同时扩大幅面尺度和提高木材利用率。

拼板的接合方法有平拼、搭口拼、企口拼、穿条拼、插入榫拼、螺钉拼（明螺钉拼、暗螺钉拼）、穿带拼、吊带拼等。

1. 平拼

如图 3-14 所示为实木拼板类型中的平拼形式。实木平拼结构加工简单，生产效率高，实木窄板的损失率低。在胶合时接合面应对齐，以避免出现板面凹凸不平的现象。

2. 斜面拼

如图 3-15 所示为实木拼板类型中的斜面拼形式。采用斜面拼结构时，加工比较简单，生产效率高。由于胶接面加大，拼板的强度较高。但在胶接时接合面不易对齐，容易产生表面不平等现象。

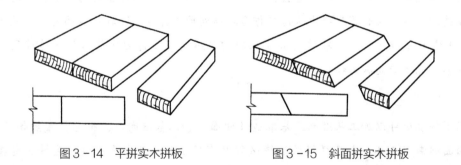

图 3-14　平拼实木拼板　　　　图 3-15　斜面拼实木拼板

3. 裁口拼

如图 3-16 所示为实木拼板类型中的裁口拼形式。裁口拼接合的优点是拼板容易对齐，可以防止凹凸不平。由于胶接面加大，拼板的接合强度较高，但是实木窄板的损失率也随之加大。

4. 凹凸拼

如图 3-17 所示为实木拼板类型中的凹凸拼形式。这种结构的拼板容易对齐，当胶缝开裂时，拼板的凹凸结构仍可以掩盖胶缝。同时，由于胶接面加大，拼板的强度较高，常用于密封要求较高的部件，但实木窄板的损失率增加。

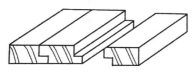

图 3-16　裁口拼实木拼板

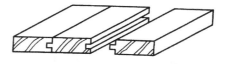

图 3-17　凹凸拼实木拼板

5. 齿形拼

如图 3-18 所示为实木拼板类型中的齿形拼形式。齿形拼的拼板表面平整，由于胶接面加大，拼板的接合强度较高，但是齿形拼接的加工比较复杂。

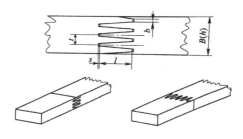

图 3-18　齿形拼实木拼板

6. 插入榫拼

如图 3-19 所示为实木拼板类型中的插入榫拼形式。这种接合形式是平拼的延伸，其拼板的强度高于平拼拼板。插入榫拼的孔位加工精度要求高，特别是采用方形榫拼板时，方形孔加工复杂，加工精度低，很难保证拼板的质量。

7. 穿带拼

如图 3-20 所示为实木拼板类型中的穿带拼形式。穿带拼结构的接合强度高，同时还起到防止拼板翘曲的作用。

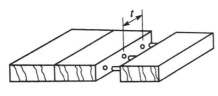

图 3-19　插入榫拼实木拼板

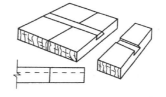

图 3-20　穿带拼实木拼板

8. 暗螺钉拼

如图 3-21 所示为实木拼板类型中的暗螺钉拼形式。暗螺钉拼的拼板表面不留痕迹，接合强度高，但是加工十分复杂，在现代装饰装修中使用不多。

9. 明螺钉拼

如图 3-22 所示为实木拼板类型中的明螺钉拼形式。采用明螺钉拼结构时，加工简单，接合强度高，但是拼板表面留有圆锥形凹孔和螺钉痕迹，影响美观，因此在现代家具生产中使用不多。

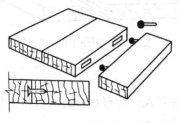 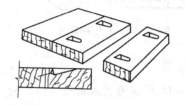

图3-21 暗螺钉拼实木拼板　　　　图3-22 明螺钉拼实木拼板

 |任务实施|

让我们按下面的步骤进行本项目的实施操作吧!

步骤一　施工前准备

轻钢龙骨吊顶是以镀锌钢带轧制成的轻金属龙骨为骨架组成的吊顶，按其承载能力不同可分为上人龙骨吊顶和不上人龙骨吊顶。轻钢龙骨吊顶由吊筋、主龙骨、次龙骨、横撑龙骨及各种吊件、挂件组成，具有自重轻、刚度大、防火与抗震性能好、施工方便灵活、工业化程度高等优点，现在已经广泛应用在装饰工程的顶棚施工中。

1. 施工准备

1）材料要求

主要材料有：主龙骨、纸面石膏板、主龙骨吊件、次龙骨吊挂件、主龙骨连接件、次龙骨连接件、支托连接件、吊筋、角铁吊件、膨胀螺栓、螺母、高强自攻螺钉、防锈漆、机油、焊条等。

2）主要机具

主要机具有：电锤、手枪钻、金属切割机、砂轮机、电焊机、气泵、风批、拉铆枪、气带、激光自动安平标线仪、施工线、墨斗、盒尺、锤子、錾子、扫帚、板牙等。

2. 作业条件

（1）安装完顶棚内的各种管线及设备，确定好灯位、通风口及各种露明孔口位置。

（2）各种材料全部配套备齐。

（3）顶棚罩面板安装前，应做完墙、地湿作业工程项目。

（4）搭好顶棚施工操作平台架子。

（5）轻钢骨架顶棚在大面积施工前，应做样板间，对顶棚的起拱度、灯槽、通风口等处进行构造处理，经过做样板间决定分块及固定方法，经鉴定认可后再大面积施工。

知识链接 空气压缩机、气动设备的使用

一、空气压缩机

1. 空气压缩机的分类

空气压缩机的种类很多，按工作原理不同可分为容积型压缩机和速度型压缩机。如图 3-23 所示为容积型空气压缩机。

2. 空气压缩机安全操作技术

（1）工作前应该检查压缩机油箱内油位是否正常，各螺栓是否松动，压力表、气阀等是否完好，且压缩机必须安装在稳固的基础上。

（2）压缩机的工作压力不能超过额定排气压力，以免超负荷运转而损坏压缩机和烧坏电动机。

（3）不要用手触摸压缩机汽缸头、缸体、排气管，以免温度过高而烫伤。

（4）工作结束后，要切断电源，放掉压缩机储气罐中的压缩空气，打开储气罐下边的排污阀，放掉汽凝水和汽油。

图 3-23 容积型空气压缩机

图 3-24 气钉枪

二、气钉枪

气钉枪是装饰工程中用来紧固木制装饰面、木结构件的一种先进工具。用它打 U 形钉、直钉时，速度快，省力，装饰面不露钉头痕迹，具有携带方便、使用经济、操作简单等优点。

1. 气钉枪规格与选用

气钉枪主要有三种类型，即气动码钉枪、气动圆头钉射钉枪、气动 T 形射钉枪，如图 3-24 所示，其规格见表 3-5。

表3-5 各种气钉枪的规格

类型	空气压力 （MPa）	每秒射钉枚数 （枚/s）	盛钉容量 （枚）	质量 （kg）
气动码钉枪	0.4～0.7	6	110	1.2
气动圆头钉射钉枪	0.4～0.7	3	64/70	3.6
气动T形射钉枪	0.4～0.7	4	120/104	3.2

2. 操作方法

（1）右手抓住机身，左手拇指水平按下卡钮，并用中指打开钉夹一侧的盖。

（2）将钉推入钉夹，钉头须向下，必须在钉夹底端。

（3）将盖合上，接通气泵即可使用。

3. 安全操作规程

（1）戴上防护镜，不能让枪口对着自己和其他人。

（2）除使用干燥的气体外，不能使用其他能源。正在使用的气钉枪充气压力不超过0.8 MPa。

步骤二 轻钢龙骨吊装施工

1. 放线

放线方法同木龙骨吊顶施工。

2. 下料

轻钢龙骨石膏板吊顶的龙骨长度应根据图样的要求进行裁切或加长，吊筋的长度应按实际要求确定。

3. 钉沿墙龙骨

钉沿墙龙骨施工方法与木龙骨相同，但沿墙龙骨可采用木方或轻钢龙骨的次龙骨。

4. 安装吊筋

先确定吊筋的位置，再在结构层上钻孔安装膨胀螺栓。上人龙骨的吊筋采用直径6 mm的钢筋，间距为900～1 200 mm；不上人龙骨可采用直径为4 mm的钢筋，间距为1 000～1 500 mm。

5. 安装主龙骨

上人龙骨主龙骨的间距为900～1 000 mm，不上人龙骨的间距为1 000～1 500 mm。主龙骨一般沿房屋的短方向布置，主龙骨与吊筋通过吊件连接，在吊件安装时要保持吊件可上下调节，同时要保证主龙骨在吊件中的稳定。主龙骨的悬伸长度不得超过300 mm，主龙骨的加长必须通过加长件来连接，且有 10 mm 的膨胀缝。

6. 安装次龙骨

次龙骨通过挂件与主龙骨连接，方向与主龙骨垂直，次龙骨的间距为 400～600 mm，并符合饰面材料的模数。次龙骨的加长也必须通过加长件来连接，且有 10 mm 的膨胀缝。

7. 安装横撑龙骨

待次龙骨安装完成以后，即可进行横撑龙骨的安装，也可以在安装面板的同时安装横撑龙骨。横撑龙骨与主龙骨平行安装，与次龙骨相垂直且在同一个平面内，通过挂件与次龙骨连接，间距为 600 mm，同时也要符合饰面板的模数。

8. 调平

调平时可将 60 mm×60 mm 方木按主龙骨间距钉圆钉，再将长方木横放在主龙骨上，并用铁钉卡住主龙骨，使其按规定间隔定位，临时固定。方木两端要顶到墙上或梁边，再按十字和对角拉线，拧动吊筋螺母，调节主龙骨。

 知识链接　开榫机械

木工开榫机械有开榫机、铣床等，下面主要介绍木工铣床。木工铣床是用高速旋转的铣刀将木料开槽、开榫和加工出成型面等的木工机床，它是木工行业中不可缺少的机械设备。

1. 木工铣床的主要技术规格

木工铣床的种类很多，其中立式单轴木工铣床应用最广。这种铣床结构紧凑，体积小，使用方便，如图 3-25 所示。

图 3-25　立式单轴木工铣床

木工铣床的主要技术规格见表 3-6。

表 3-6　木工铣床的主要技术规格

名称	型号	工作台尺寸 长×宽 （mm×mm）	主轴最大升降高度 （mm）	主轴转速 （r/min）	电动机 功率 （kW）	电动机 转速 （r/min）	特点及用途
单轴木工铣床	MX518	1 000×800	100	4 000～6 000	4.5	2 900	适用于裁口、起线、开榫、铣削各种曲线零件等
单轴立式木工铣床	MX519	1 120×900	100	3 000～10 000	4.5	1 400～2 800	
万能木模铣床	MX526A	900×810	620	1 400～4 200	2～4.5	500～1 500	

2. 木工铣床的铣刀

木工铣床用的切削刃具主要是铣刀。铣刀有整体式和装配式两种。整体式铣刀分为多刃铣刀、用于铣削沟槽的 S 形铣刀和用于铣削榫头的 S 形铣刀，如图 3 – 26 所示。装配式铣刀由刀片和刀体组成，如图 3 – 27 所示。

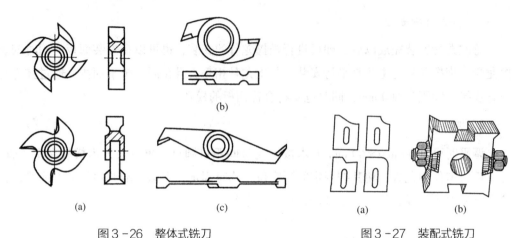

图 3 – 26 整体式铣刀　　　　　　图 3 – 27 装配式铣刀

（a）多刃铣刀　（b）用于铣削沟槽的 S 形铣刀　（c）用于铣削榫头的 S 形铣刀　　　　（a）刀片　（b）刀体

3. 木工铣床操作要点

（1）铣削加工前，首先应按木构件的内容（裁口、刨槽或起线）和铣削部位的形状（口形、槽形或线形）选择铣刀，如选用整体式铣刀，可直接进行安装；如选用装配式铣刀，应先把刀片安装在刀体上（应放在平板上，用角尺校对使刀刃平齐），然后将铣刀安装到刀轴上。铣刀在刀轴上紧固，转动手轮调整铣刀到所需高度，盖好护罩，然后调整、紧固导板。

（2）工作时，接通电源，待刀轴运转正常后，将木构件沿着台面紧靠导板向前推进。加工的木构件较长或较大时，应由两人操作（推进和接拉），左手在前按压木构件，右手在后推进，速度要均匀，不要太快，碰到木节时要放慢速度。

用铣床进行开榫加工时，将木构件夹在推车上，由推车前进可在木构件端头开出榫头。

步骤三　安装检查验收

1. 安装注意事项

（1）吊顶龙骨上禁止铺设机电管道、线路。

（2）木骨架及罩面板安装应注意保护顶棚内各种管线，骨架的吊杆、龙骨不准固定在通风管道及其他设备件上。

（3）为了保护成品，罩面板安装必须在棚内管道试水、保温等一切工序全部验收后进行。

（4）工序交接全部采用书面形式，并由双方签字认可，由下道工序作业人员和成品保护负责人同时签字确认，并保存工序交接书面材料，下道工序作业人员对防止成品的污染、损坏或丢失负直接责任，成品保护专人对成品保护负监督、检查责任。

2．常见问题及采取的措施

（1）吊顶不平：主龙骨安装时吊杆调平不认真，造成各吊杆点的标高不一致；施工时应认真操作，检查各吊点的紧挂程度，并拉通线检查标高与平整度是否符合设计要求和规范标准的规定。

（2）轻钢骨架局部节点构造不合理：吊顶轻钢骨架在留洞、灯具口、通风口等处，应按图纸上的相应节点构造设置龙骨及连接件，使构造符合图纸上的要求，保证吊挂的刚度。

（3）轻钢骨架吊固不牢：顶棚的轻钢骨架应吊在主体结构上，并应拧紧吊杆螺母，以控制固定设计标高；顶棚内的管线、设备件不得吊固在轻钢骨架上。

（4）罩面板分块间隙缝不直：罩面板规格有偏差，安装不正；施工时注意板块规格，拉线找正，安装固定时保证平整对直。

（5）压缝条、压边条不严密、不平直：加工条材规格不一致；使用时应经选择，操作拉线找正后固定、压粘。

（6）方块铝合金吊顶要注意板块的色差，防止颜色不均的质量弊病。

3．验收记录

轻钢龙骨吊顶工程检验批质量验收记录见表 3-7。

表 3-7 龙骨吊顶工程检验批质量验收记录

工程名称			分项工程名称			项目经理	
施工单位				验收部位			
施工执行标准名称及编号		《建筑装饰装修工程质量验收标准》（GB 50210—2018）				专业工长（施工员）	
分包单位				分包项目经理		施工班组长	
质量验收规范的规定				施工单位自检记录		监理（建设）单位验收记录	
主控项目	1	标高、尺寸、起拱、造型	6.3.2 条				
	2	饰面材料要求	6.3.3 条				
	3	饰面材料安装要求	6.3.4 条				
	4	吊杆、龙骨要求	6.3.5 条				
	5	吊杆、龙骨安装牢固	6.3.6 条				

（续）

	1	饰面材料表面质量		6.3.7 条												
	2	饰面板上的设备安装		6.3.8 条												
	3	龙骨表面质量		6.3.9 条												
	4	吸声材料要求		6.3.10 条												
一般项目	5	允许偏差 表面平整度	石膏板	3 mm												
			金属板	2 mm												
			矿棉板	3 mm												
			塑料板、玻璃板	2 mm												
	6	接缝直线度	石膏板	3 mm												
			金属板	2 mm												
			矿棉板	3 mm												
			塑料板、玻璃板	3 mm												
	7	接缝高低差	石膏板	1 mm												
			金属板	1 mm												
			矿棉板	2 mm												
			塑料板、玻璃板	1 mm												
	施工操作依据																
	质量检查记录																

施工单位检查结果评定	项目专业 质量检查员：	项目专业 技术负责人： 年　月　日
监理（建设）单位验收结论	专业监理工程师： （建设单位项目专业技术负责人）	 年　月　日

 | 过程考核评价 |

轻钢龙骨吊顶施工过程考核评价见表 3-8。

表 3-8　轻钢龙骨吊顶施工过程考核评价表

项目二　轻钢龙骨吊顶施工						
学员姓名		学号		班级	日期	
项目	考核项目	考核要求	配分	评分标准		得分
知识目标	龙骨特征及选材	学会项目中龙骨的特征与选取方法	15	项目中的龙骨特征、质量判别方法或基本特征，错误一项扣 5 分		
	安装工艺描述	能叙述安装工艺要求	10	叙述不清楚扣 5 分		

（续）

能力目标	安装检查（石膏板）	表面平整偏差3 mm	8	超差不得分	
		接缝平直偏差3 mm	8	超差不得分	
		接缝高低偏差1 mm	8		
		表面裁口顺直，刨面平整、无倒翘	16	不满足一项扣5分	
	工具的使用	1. 画线工具使用； 2. 装饰手工工具使用	15	1. 画线工具不会使用扣5分； 2. 手工工具使用不熟练扣5分	
方法及社会能力	过程方法	1. 学会自主发现、自主探索的学习方法； 2. 学会在学习中反思、总结，调整自己的学习目标，在更高水平上获得发展	10	根据工作中反思、创新见解、自主发现、自主探索的学习方法，酌情给5～10分	
	社会能力	小组成员间团结、协作，共同完成工作任务，养成良好的职业素养（工位卫生、工服穿戴等）	10	1. 工作服穿戴不全扣3分； 2. 工位卫生情况差扣3分	
实训总结		你完成本次工作任务的体会：（学到哪些知识，掌握哪些技能，有哪些收获？）			
得分					

工作小结

_____

_____

_____

_____

_____

_____

任务四
地板的铺装

04

项目一　实木地板的铺装

任务描述

　　实木地板是天然木材经烘干、加工后形成的地面装饰材料，又名原木地板，它是用实木直接加工成的地板，如图4-1所示。实木地板具有木材自然生长的纹理，是热的不良导体，能起到冬暖夏凉的作用，具有脚感舒适、使用安全的特点，是卧室、客厅、书房等地面装修的理想材料。

图4-1　实木地板效果图

 ### 接受任务

　　施工方案见表4-1。

表4-1　施工方案

安装地点	客厅	工　时		安装人	
技术标准	《建筑装饰装修工程质量验收标准》（GB 50210—2018）				
工作内容	按照施工要求完成客厅实木地板的铺装				
材料及构件	实木地板、木龙骨、踢脚板、压条				
工具	电动机具：手电钻、小电动台锯 手用工具：锯、锤子、旋具、卷尺、水平尺				
作业条件	顶棚、墙面的各种湿作业已完成，粉刷干燥程度达到80%以上				
验收结果	操作者自检结果： □ 合格　　□ 不合格 签名： 　　　　年　月　日			检验员检验结果： □ 合格　　□ 不合格 签名： 　　　　年　月　日	

在进行任务之前，让我们来看看我们需要掌握什么样的知识储备吧！

 知识储备　型面和曲面部件的加工

在室内装饰装修过程中，由于使用或造型的要求，木制品的一些零部件有时需要加工成各种型面及曲面。常见的型面及曲面零部件如图4－2所示。

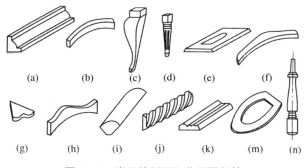

图4-2　常见的型面及曲面零部件

1. 型面的特点

按照装饰装修过程中木制品零部件的形状不同，型面分为直线形型面、曲线形型面和回转体型面。

1）直线形、曲线形型面

（1）直线形型面是指加工面的轮廓线为曲线，切削轨迹为直线的零部件。

（2）曲线形型面是指加工面的轮廓线为曲线或直线，切削轨迹为曲线的零部件。如前所述，使用四面刨床可以加工直线形的型面，使用各类铣床可以加工任意的直线形、曲线形型面。

2）回转体型面

（1）回转体型面是指加工基准为中心线的零部件。

（2）回转体型面的基本特征是零部件的截面是圆形和圆形开槽。

（3）加工设备多选用旋床或车床。

2. 型面的加工

型面和曲面通常是按照要求的线形，采用相应的成型铣刀或端铣刀在各种铣床上加工的，有些加工还需借助于夹具。

如图4－2（a）、（i）、（k）所示为断面上具有型面的零件，因零件长度方向上是直线形的，所以这种零件只需使用成型铣刀，而其切削刃相对于导尺的伸出量就是需要加工型面的深度，加工时工件沿导尺移动进行铣削，如图4－3所示。如果零件宽面上要加工型面，为了确保安全生产，使零件放置稳固，宜用水平刀头上能安装成型铣刀的四面刨进行加工。

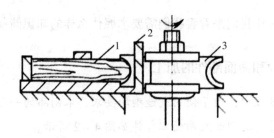

图4-3 型面零件的加工

1—工件；2—导尺；3—成型铣刀

如图4-2 (b)、(c)、(f)、(g)、(h)、(l) 所示的零件都是具有曲线外形的，加工这类零件必须使用样模夹具。样模的边缘做成所要的零件形状，当样模边缘沿挡环移动时，刀具就能在工件表面加工出所需的曲线形。如图4-4所示为用双面样模夹具在铣床上加工曲线形零件。

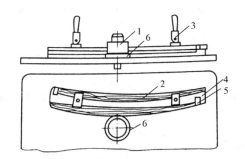

图4-4 用双面样模夹具在铣床上加工曲线形零件

1—铣刀头；2—工件；3—夹紧装置；4—样模；5—挡块；6—挡环

在铣床上加工型面时，挡环可以装在刀头的上方或下部，其安装方式如图4-5所示。铣削尺寸较大的工件周边时，挡环最好安装在刀头上方，以保证加工质量和操作安全。当加工一般的曲线形零件时，为使零件在加工时具有足够的稳定性，宜将挡环装在刀头下部。

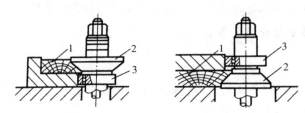

图4-5 挡环的安装方式

1—工件；2—铣刀头；3—挡环

如图4-2 (e)、(f) 所示的曲线形零件，整个长度上厚度是一致的。若其宽度较大且弯度较小，在铣床上加工很不安全，宜在压刨上使用相应夹具进行加工，如图4-6所示。

图4-6　在压刨上加工曲线形零件
1—刀具；2—进料辊；3—工件；4—样模夹具

某些长度上只有部分曲线形或面积较小的曲线形零件（见图4-2（g）、（l）），也可以利用在悬臂式万能圆锯的刀头上安装成型铣刀的方法进行加工，生产效率可以显著地提高，但因为是横纤维切削，所以加工质量不太高。

 |任务实施|

让我们按下面的步骤进行本项目的实施操作吧！

步骤一　施工前准备

1. 施工前的准备

（1）材料准备：实木地板、木材、踢脚板、胶黏剂，其中实木复合地板应符合所采用的材料要求，应有产品检验合格证，含水率不大于12%。

（2）其他材料：包括防腐剂、8#~10#镀锌铅丝、50~100 mm钉子（地板钉）、角码、膨胀螺栓（M6×65）等。

（3）机具准备：多功能木工机床、刨地板机、磨地板机、平刨、压刨、小电锯、电锤、斧子、冲子、凿子、手锯、手刨、锤子、墨斗、扫帚、钢丝刷、气钉枪、割角尺等。

2. 作业条件

（1）加工订货材料已进场，并经过验收合格。

（2）室内湿作业已经结束，并已经过验收和测试。

（3）门窗已安装到位。

（4）木地板已经挑选，并经编号分别存放。

（5）墙上水平标高控制线已经弹好。

（6）基层、预埋管线已施工完毕，水系统打压已结束，均经过验收合格。

步骤二　实木地板铺装

实木地板铺装工艺如下：超平、弹线及基层处理→安装木龙骨→地板面层铺设→安装踢脚板→安装木踢脚板压条。

1. 超平、弹线及基层处理

超平借助仪器、水平管，操作时要求认真、准确，复核后将基层清扫干净，并用水泥砂浆找平；弹线要求清晰、准确，不许有遗漏，同一水平要交圈；基层应干燥且做防腐处理（铺沥青油毡或防潮粉）。预埋件（木楔）位置、数量、牢固性要达到设计标准。

2. 安装木龙骨

（1）施工放线。弹出木龙骨上水平标高线。以进户门为准，在混凝土基层或找平后的地面弹出龙骨横向排布线。

（2）木龙骨铺垫及固定。必要时，木龙骨铺垫前应进行防腐处理；木龙骨之间一定要拉直找平；垫木长度以 200 mm 为宜，厚度可根据具体填充情况而定，垫木间距以不超过 40 mm 为宜；主龙骨间距由木地板长度决定，龙骨间距最大不可超过 400 mm；木龙骨靠墙部分应与墙面留有 5 ~ 10 mm 的伸缩缝；木龙骨固定方法为钉连接或胶连接，根据地面混凝土标号从电锤打眼法和射钉固定法中选择合适的方法；对铺设完毕的木龙骨进行全面的平直度调整和牢固性检测，使其达到标准后方可进行下道工序；在龙骨上铺设防潮膜，防潮膜接头处应重叠 200 mm，四边往上弯。

3. 地板面层铺设

（1）从墙面一侧留出 8 ~ 10 mm 的缝隙后，铺设第一块木地板，地板凸角向外，用气钉将地板固定于木龙骨上，以后逐块排紧钉牢，最后一块以明钉靠边垂直打入气钉，以利牢固。

（2）每块地板凡接触木龙骨的部位必须用气钉固定，视情况打入 1 ~ 2 个气钉，气钉必须钉在地板凸角处，气钉打入方向为 45° ~ 60°，斜向打入，最低钉长不得少于 38 mm。

（3）为使地板顺口缝平直、均匀，应每铺设 3 ~ 5 道地板即拉一次平直线检查地板顺口缝是否平直，如不平直应及时调整。面板铺设完后，若面板为素板则要打磨、上漆；若面板为漆板则直接安装踢脚板并及时清理干净，做好成品保护。

4. 安装踢脚板

面板铺完并清扫干净后，表面要经刨磨处理，然后安装木踢脚板，如图 4 - 7 所示。刨光时先沿垂直木纹方向粗刨一遍，再沿顺木纹方向细刨一遍，然后顺纹方向磨光，要求无痕迹。刨削量每次不超过 0.3 mm，刨削总

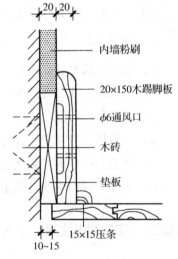

内墙粉刷

20×150木踢脚板

φ6通风口

木砖

垫板

15×15压条

图 4 - 7　木踢脚板的安装

厚度不大于 1 mm。最后进行磨光、涂漆、打蜡保护。

5．安装木踢脚板压条

图 4-7 体现了铺装木地板时木地板、木踢脚板和墙体连接的结构。垫板和嵌入墙体的木砖利用螺钉相连；木踢脚板靠在垫板上，上部垂直压住粉刷的墙体，下端水平压住木地板；压条同时紧靠木踢脚板和木地板固定。

步骤三　安装检查验收

1．安装注意事项

（1）当地面过高时，木龙骨应刨薄处理，但龙骨厚度不得小于 20 mm。

（2）影响木地板铺设的地面浮灰、残余砂浆等杂物必须清除干净，以免地面杂物影响地板铺设的平直度或使地板受潮、生虫。

（3）在木龙骨铺垫平直并验收合格后，方可铺设地板面层。

（4）所有木龙骨、垫木必须做好防腐处理，垫木均需与地面固定。

（5）铺设木龙骨、木地板时，靠墙处必须留有 5~10 mm 的缝隙，以利于通风，防止地板因受潮而起拱。

（6）严禁用气钉固定龙骨与垫木以及龙骨与夹木。

（7）龙骨接口处的夹木长度必须大于 300 mm，宽度不小于 1/2 龙骨宽。

（8）龙骨局部失稳处应适当调整垫木间距。

2．常见问题及采取的措施

1）有空鼓响声

主要原因：固定不实所致，主要是毛板与龙骨、毛板与地板钉子数量少或钉得不牢，有时是由于板材含水率变化引起收缩或胶液不合格所致。

防治措施：严格检验板材含水率和胶黏剂等的质量，检验合格后才能使用；安装时钉子不宜过少，并应确保钉牢；每安装完一块板，用脚踩检验无响声后再装下一块，如有响声应返工。

2）表面不平

主要原因：基层不平或地板条变形起拱所致。

防治措施：在安装施工时，应用水平尺对龙骨表面找平，如果不平应垫垫木调整。龙骨上应做通风小槽。板边距墙面应留出 10 mm 的通风缝隙。保温隔音层材料必须干燥，防止木地板受潮后起拱。木地板表面平整度误差应在 1 mm 以内。

3）拼缝不严

主要原因：除施工中安装不规范外，板材的宽度尺寸误差大及企口加工质量差也是重要原因。

防治措施：在施工中除认真检验地板质量外，安装时企口应平铺，在板前钉扒钉，用模块将地板缝隙磨得一致后再钉钉子。

4）局部翘鼓

主要原因：除板子受潮变形外，还有毛板拼缝太小或无缝，使用中水管等漏水泡湿地板所致。

防治措施：在施工中要在安装毛板时留3 mm的缝隙，木龙骨刻通风槽。地板铺装后，涂地板漆时应保证漆膜完整。日常使用中要防止水流入地板下部，并及时清理面层的积水。

3. 验收记录

木地板工程检验批质量验收记录见表4-2。

表4-2 木地板工程检验批质量验收记录表

单位工程名称				分部及部位						
施工单位名称				项目经理						
施工工艺标准名称及编号			《建筑地面工程施工质量验收规范》（GB 50209—2010）							
《建筑地面工程施工质量验收规范》的规定					施工单位检查记录					
主控项目	1	材料质量								
	2	面层铺设								
	3	面层质量								
	4	木地板面层应刨平、磨光，无明显刨痕和毛刺等现象；图案清晰、颜色均匀一致								
	5	面层缝隙应严密；接头位置应错开，表面洁净								
	6	拼花地板接缝应对齐，粘、钉严密；缝隙宽度均匀一致；表面洁净，胶黏无溢胶								
	7	踢脚线表面应光滑，接缝严密，高度一致								
一般项目	8	允许偏差（mm）	板面缝隙宽度	拼花地板	0.2					
				硬木地板	0.5					
				松木地板	1.0					
	9		表面平整度	拼花、硬木地板	2.0					
				松木地板	3.0					
	10		踢脚线上口平齐		3.0					
	11		板面拼缝平直		3.0					
	12		相邻板材高差		0.5					
	13		踢脚线与面层的接缝		1.0					

（续）

施工单位检查结果	施工班组长： 专业施工员： 项目专业质检员： 　　年　月　日		监理 （建设） 单位 验收 结论	专业监理工程师： （建设单位项目专业技术负责人） 　　年　月　日

 过程考核评价

实木地板铺装过程考核评价见表4-3。

表4-3　实木地板铺装过程考核评价表

项目一　实木地板的铺装

学员姓名		学号		班级		日期	

项目	考核项目	考核要求	配分	评分标准	得分
知识目标	实木地板特征及选材	学会项目中实木地板的特征与选取方法	15	项目中的实木地板特征、质量判别方法或基本特征，错误一项扣5分	
	安装工艺描述	能叙述安装工艺要求	10	叙述不清楚扣5分	
能力目标	安装检查	格栅间距偏差20 mm	5	超差不得分	
		格栅平整偏差3 mm	5	超差不得分	
		表面平整度偏差2 mm	5	超差不得分	
		踢脚线上口平直偏差3 mm	5	超差不得分	
		板面拼缝平直偏差2 mm	5	超差不得分	
		缝隙宽度偏差2 mm	5	超差不得分	
		表面裁口顺直，刨面平整、无倒翘	10	不满足一项扣5分	
	工具的使用	1. 画线工具使用； 2. 装饰手工工具使用	15	1. 画线工具不会使用扣5分； 2. 手工工具使用不熟练扣5分	

（续）

方法及社会能力	过程方法	1. 学会自主发现、自主探索的学习方法； 2. 学会在学习中反思、总结，调整自己的学习目标，在更高水平上获得发展	10	根据工作中反思、创新见解、自主发现、自主探索的学习方法，酌情给 5~10 分	
	社会能力	小组成员间团结、协作，共同完成工作任务，养成良好的职业素养（工位卫生、工服穿戴等）	10	1. 工作服穿戴不全扣 3 分； 2. 工位卫生情况差扣 3 分	
实训总结		你完成本次工作任务的体会：（学到哪些知识，掌握哪些技能，有哪些收获?）			
得分					

工作小结

_____

_____

_____

_____

_____

_____

_____

项目二　强化复合地板的铺装

 | 任务描述 |

　　强化地板一般是由四层材料复合组成，即耐磨层、装饰层、高密度基材层、平衡（防潮）层，如图4-8所示。强化地板也称浸渍纸层压木质地板、强化木地板，合格的强化地板是以一层或多层专用浸渍热固氨基树脂。

　　由于强化地板表层耐磨层具有良好的耐磨、抗压、抗冲击以及防火阻燃、抗化学品污染等性能，在日常使用中，只需用拧干的抹布、拖布或吸尘器进行清洁，如果地板出现油腻、污迹，用布蘸清洁剂擦拭即可，所以硬化地板广泛地用于家庭装饰装修中。

图4-8　强化复合木地板效果图

| 接受任务 |

　　施工方案见表4-4。

表4-4　施工方案

安装地点	客厅		工　时			安装人	
技术标准	《建筑装饰装修工程质量验收标准》（GB 50210—2018）						
工作内容	按照施工要求完成客厅木地板的铺装						
材料及构件	复合木地板、踢脚板、地板胶、地垫、扣条等						
工具	电动机具：手电钻、小电动台锯 手用工具：锯、锤子、旋具、卷尺、水平尺						
作业条件	顶棚、墙面的各种湿作业已完成，粉刷干燥程度达到80%以上						
验收结果	操作者自检结果： □ 合格　　□ 不合格 签名： 　　　　年　　月　　日				检验员检验结果： □ 合格　　□ 不合格 签名： 　　　　年　　月　　日		

在进行任务之前，让我们来看看我们需要掌握什么样的知识储备吧！

知识储备 板式部件的制作

板式部件经过贴面胶压后，还需要进行尺寸精加工、边部处理、表面磨光、钻圆榫孔和连接件接合孔等加工。

1. 板式部件尺寸精加工

贴面后的板坯边部参差不齐，需要齐边，加工成要求的长度和宽度，并要求边部平齐，相邻边垂直，表面不许有崩坏或撕裂。板式部件尺寸精加工设备均需设置刻痕锯片，刻痕锯片的作用是在主锯片切割前先在板面划出一条深 1~2 mm 的锯痕，切断饰面材料纤维，以免主锯片从部件表面切出时产生撕裂或崩裂现象。刻痕锯片与主锯片锯口宽度相等，并位于同一垂直线上，其回转方向与主锯片相反。

2. 边部处理工艺

刨花板及其他人造板制成的板式部件的边部显出各种材料的接缝或孔隙，不仅影响外观质量，而且在制品使用和运输过程中，边角部容易损坏，造成贴面层被掀起或剥落。特别是刨花板部件边部暴露在大气中，当湿度变化时会产生缩胀和变形现象。因此，板式部件边部处理是必不可少的重要工序。

板式部件边部处理方法有涂饰法、镶边法、封边法和包边法等。具体方法可根据其边部的形状选用。

（1）涂饰法。涂饰法是用涂饰涂料的方法对板式零部件的边部进行封闭，起保护和装饰作用。涂饰法是在部件侧边用涂料涂饰、封闭，即先用腻子填平，再涂底漆和面漆。涂料的种类和颜色要根据部件的平面饰材选定。在实际生产中，涂饰法应用较广泛，具体涂饰工艺参阅装饰装修油工教材。

（2）镶边法。镶边法是在板件边部用木条、塑料封边带或铝合金等有色金属镶边条镶贴。镶边条上带有榫簧或倒刺，板件边部开出相应尺寸的槽沟，将镶边条嵌入槽沟内，覆盖住边部。板式部件主要的镶边类型如图 4-9 所示。

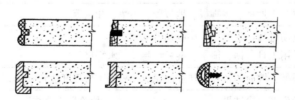

图4-9 板式部件主要的镶边类型

（3）封边法。封边法是用薄木（单板）条、木条、三聚氰胺塑料封边带、PVC 条、预浸油漆纸封边带等封边材料压贴在板式部件周边，与胶黏剂胶合在零部件边部的一种处理方法。这是一项质量要求高的工作，每个板件都要封 2 ~ 4 个边部，封边后端头和边部都要平齐，如有不齐或凸起等现象都将使制品装配和外观质量受到直接影响。零部件基材使用的原材料主要是刨花板、中密度纤维板、双包镶板、细木工板等。

（4）包边法。包边法是用改性的三聚氰胺塑料贴面板等贴面材料涂以改性的聚醋酸乙烯酯乳液胶或其他类型的胶黏剂，使面层边部材料的包边尺寸等于零部件边部的型面尺寸，在包边机上实施边部热压的处理方法，其包边工艺如图 4 - 10 所示。

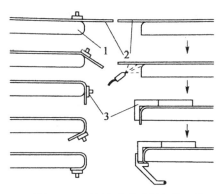

图 4 - 10　连续式后成型包边工艺
1—基材；2—幅面材料；3—固定装置

 任务实施

让我们按下面的步骤进行本项目的实施操作吧！

步骤一　施工前准备

强化复合地板一般采用悬浮法安装，即地板悬浮于地面之上。铺装时先找平地面，然后铺一层聚乙烯泡沫垫，泡沫垫起隔潮和找平作用，亦可增加脚感。

1. 施工前的准备

（1）材料准备：包括地板、踢脚板、地板胶、地垫和扣条等。

（2）工具准备：小电锯、手电钻、锯、锤子、旋具、卷尺和水平尺等。

2. 作业条件

（1）加工订货材料已进场，并经过验收合格。

（2）室内湿作业已经结束，并已经过验收和测试。

（3）门窗已安装到位。

（4）木地板已经挑选，并经编号分别存放。

（5）墙上水平标高控制线已经弹好。

（6）基层、预埋管线已施工完毕，水系统打压已结束，均经过验收合格。

步骤二　强化复合地板铺装

强化复合地板铺装工艺：基层处理→铺设垫层→铺设复合地板→安装踢脚板。

1. 基层处理

复合地板的铺装基层要求清洁、干燥、坚固、平整，如达不到铺装要求，应先用水泥砂浆找平基层，待完全干燥后才能铺装。复合地板也可铺设在墙地砖等旧地面上。

2. 铺设垫层

为了防潮，应铺一层防水聚乙烯薄膜作为防潮层，防水膜一般选用宽 1 000 mm 的卷材，接口应用透明胶带粘接牢固，而且裁剪尺寸要比房间净尺寸多 100 mm。垫层除可以防潮外，还可以增加地板的弹性、稳定性（垫层可以弥补基层 2 mm 的不平度），减少行走时产生的噪声，使脚感舒适。

3. 铺贴复合地板

铺放地板时，通常从房间较长的一面墙或顺着光线方向开始。应先计算出铺设地板所需的块数，尽量避免出现过窄的地板条，还要注意地板的短边接缝在行与行之间要相互错开（步步高式）。安装第一排时从左向右横向安装，板的槽面与墙相接处预留 8 ~ 15 mm 的缝隙，此缝隙可用木垫块临时塞紧，最后用地角线掩盖。依次连接需要的地板块，先不要粘胶。如果墙不直，在板上画出墙的轮廓线，按线裁切地板块，使之与墙体吻合。第一排最后一块板切下的部分如果大于 300 mm，可以作为第二排的第一块板；如果小于 300 mm，应将第一排的第一块板切除一部分，保证使最后一块板的长度大于 300 mm。在第二排板的槽部及第一排板的榫部上涂以足量的胶液，将地板块小心轻敲到位。铺装完第二排后，应等胶固化接牢后再继续进行下一排的铺装，固化时间约为 2 小时，并将挤出的胶液立即清除。目前，市场上复合地板也有不用胶接法的固定方式，如用地板卡子紧固。

4. 安装踢脚板

安装踢脚板后可压住地板，防止地板起翘；遮盖住地板与墙体之间的膨胀缝，装饰居室；防止将来拖地时将墙壁弄脏。地板过门压条的作用与踢脚板类似，即压住地板，防止人走路绊脚；遮盖住地板膨胀缝，装饰居室；防止灰尘或杂物进入膨胀缝。

步骤三　安装检查验收

1. 安装注意事项

（1）基层应平整、牢固、干燥、清洁、无污染，强度符合设计要求。

（2）在楼房底层或平房铺装时，须做防潮处理。

（3）铺装强化复合地板时，室内温度应遵照产品说明书的规定。

（4）地板下面应满铺防潮底垫且铺装平整，接缝处不得叠压，并用胶带固定。

（5）安装第一排地板时应凹槽面向墙，地板与墙面之间留有 10 mm 左右的缝隙。

（6）房间长度或宽度超过 8 m 时，需要设置伸缩缝，安装平压条。

（7）木踢脚板采用 45°坡口粘接严密，高度、出墙厚度一致，固定钉钉帽不外露。

（8）表面平直，颜色、木纹协调一致，洁净，无胶痕。

2. 常见问题及采取的措施

1）地板表面起拱

主要原因：地板伸缩不足或地板无法伸展；应拆下踢脚板，再次预留伸缩缝。

防治措施：重新安装角线，拆出石膏、腻子等，预留伸缩缝即可。

2）地板裂缝

主要原因：地面不平或施胶少。

防治措施：将地面处理平整、干燥后铺装地板；根据裂缝的大小决定补蜡或重新灌胶。

3）踢脚板起拱、松动

主要原因：踢脚板接口不平，与墙面、柜子或地面有缝隙。

防治措施：拆下踢脚板，重新处理并安装、补腻子即可。

3. 验收记录

木地板工程检验批质量验收记录见表 4-5。

表 4-5　木地板工程检验批质量验收记录表

单位工程名称			分部及部位	
施工单位名称			项目经理	
施工工艺标准名称及编号			《建筑地面工程施工质量验收规范》（GB 50209—2010）	
《建筑地面工程施工质量验收规范》的规定			施工单位检查记录	
主控项目	1	材料质量		
	2	面层铺设		
	3	面层质量		
一般项目	4	木地板面层应刨平、磨光，无明显刨痕和毛刺等现象；图案清晰、颜色均匀一致		
	5	面层缝隙应严密；接头位置应错开，表面洁净		
	6	拼花地板接缝应对齐，粘、钉严密；缝隙宽度均匀一致；表面洁净，胶黏无溢胶		
	7	踢脚线表面应光滑，接缝严密，高度一致		

（续）

一般项目	8	允许偏差（mm）	板面缝隙宽度	拼花地板	0.2								
				硬木地板	0.5								
				松木地板	1.0								
	9		表面平整度	拼花、硬木地板	2.0								
				松木地板	3.0								
	10		踢脚线上口平齐		3.0								
	11		板面拼缝平直		3.0								
	12		相邻板材高差		0.5								
	13		踢脚线与面层的接缝		1.0								

施工单位检查结果	施工班组长： 专业施工员： 项目专业质检员： 年 月 日	监理（建设）单位验收结论	专业监理工程师： （建设单位项目专业技术负责人） 年 月 日

 过程考核评价

强化复合地板铺装过程考核评价见表4-6。

表4-6 强化复合地板铺装过程考核评价表

项目二 强化复合地板的铺装					
学员姓名		学号		班级	日期
项目	考核项目	考核要求	配分	评分标准	得分
知识目标	复合地板特征及选材	学会项目中复合地板的特征与选取方法	15	项目中的复合地板特征、质量判别方法或基本特征，错误一项扣5分	
	安装工艺描述	能叙述安装工艺要求	10	叙述不清楚扣5分	
能力目标	安装检查	格栅间距偏差20 mm	5	超差不得分	
		格栅平整偏差3 mm	5	超差不得分	
		表面平整度偏差2 mm	5	超差不得分	
		踢脚线上口平直偏差3 mm	5	超差不得分	
		板面拼缝平直偏差2 mm	5	超差不得分	
		缝隙宽度偏差2mm	5	超差不得分	
		表面裁口顺直，刨面平整、无倒翘	10	不满足一项扣5分	

（续）

能力目标	工具的使用	1. 画线工具使用； 2. 装饰手工工具使用	15	1. 画线工具不会使用扣 5 分； 2. 手工工具使用不熟练扣 5 分	
方法及社会能力	过程方法	1. 学会自主发现、自主探索的学习方法； 2. 学会在学习中反思、总结，调整自己的学习目标，在更高水平上获得发展	10	根据工作中反思、创新见解、自主发现、自主探索的学习方法，酌情给 5 ~ 10 分	
	社会能力	小组成员间团结、协作，共同完成工作任务，养成良好的职业素养（工位卫生、工服穿戴等）	10	1. 工作服穿戴不全扣 3 分； 2. 工位卫生情况差扣 3 分	
实训总结		你完成本次工作任务的体会：（学到哪些知识，掌握哪些技能，有哪些收获？）			
得分					

工作小结

_____

_____

_____

_____

_____

_____

_____